中等职业技术学校农林牧渔类

种植专业教材

GUOJIA JI ZHIYE JIAOYU GUIHUA JIAOCAI

经济作物生产技术

人力资源和社会保障部教材办公室　组织编写

霍志军　主编

中国劳动社会保障出版社

图书在版编目(CIP)数据

经济作物生产技术/霍志军主编．—北京：中国劳动社会保障出版社，2011
中等职业技术学校农林牧渔类——种植专业教材
ISBN 978-7-5045-9178-4

Ⅰ.①经…　Ⅱ.①霍…　Ⅲ.①经济作物-栽培技术-中等专业学校-教材　Ⅳ.①S56

中国版本图书馆 CIP 数据核字(2011)第 137105 号

中国劳动社会保障出版社出版发行
（北京市惠新东街 1 号　邮政编码：100029）
出 版 人：张梦欣
*
北京昌联印刷有限公司印刷装订　　新华书店经销
787 毫米×1092 毫米　16 开本　10.75 印张　214 千字
2011 年 8 月第 1 版　　2025 年 8 月第 11 次印刷
定价：19.00 元

营销中心电话：400-606-6496
出版社网址：http://www.class.com.cn
http://jg.class.com.cn

前　言

为深入贯彻落实《国家中长期人才发展和规划纲要（2010—2020 年）》和《国家中长期教育改革和发展规划纲要（2010—2020 年）》精神，适应建设社会主义新农村、加快发展现代农业的需要，加大培养适应农业和农村发展需要的专业人才力度，人力资源和社会保障部教材办公室组织了一批教学经验丰富、实践能力强的教师与行业专家，在充分调研、讨论专业设置和课程教学方案的基础上，编写了农林牧渔类相关专业系列教材，共涉及种植、养殖、农机使用与维修、农村经济管理、农村能源开发与利用等专业，将于 2011—2012 年陆续出版。

本套教材具有以下特点：

第一，以满足农业生产为主导方向，以培养学生实践能力为基本原则，在合理确定学生应具备的能力结构与知识结构基础上，对教材内容的深度、广度进行了科学设计，并突出了实践性教学内容。

第二，根据农村经济和农业技术发展的趋势，尽可能多地在教材中充实新理念、新知识、新方法和新设备等方面的内容，力求使教材具有鲜明的时代特征，满足新农村建设的需要。

第三，在教材的表现形式上，尽可能多地采用图片、实物照片或表格等将知识点、技能点生动地展示出来，力求给学生创造一个更加直观的认知环境。

本套教材的编写得到了黑龙江省人力资源和社会保障厅以及黑龙江技师学院、黑龙江第二技师学院、哈尔滨技师学院、佳木斯职教集团、哈尔滨劳动技师学院、中国一重技师学院、黑龙江机械制造高级技工学校哈尔滨分校、五大连池技工学校、黑龙江农业职业技术学院、黑龙江农业工程职业学院等一批技工院校和职业院校的大力支持，教材编审人员做了大量的工作，在此，我们表示衷心的感谢！同时，恳切希望广大读者对教材提出宝贵的意见和建议。

人力资源和社会保障部教材办公室

2011 年 7 月

前　言

农林牧渔专业教材编委会

主任委员　董绍林
副主任委员　孙同波　唐亚江
委　　员　曾宪娟　闫永胜　王亚辉
　　　　　于新秋　韩奎英　牛春梅

本书编审人员

主　　编　霍志军
副 主 编　张亚龙、潘晓琳、张传义
参　　编　丁春利、孙泰宏、于　勇、马　琳
主　　审　曹　铁、关洪江

简　介

经济作物在我国具有悠久的栽培历史，具有适应性广、耐干旱、耐寒冷、耐瘠薄、耐盐碱等许多优良特点和优秀品质，我国从北疆到海南，从青藏高原到东海之滨均有种植。

全书主要内容包括小豆、绿豆、亚麻、南瓜、甜菜、花生、向日葵、烟草等经济作物的基本知识、栽培生物学基础、高产栽培技术及病虫草害的防治。由于我国幅员辽阔，地区性差异很大，在教学时可以根据地区特点，加以取舍，也可以结合当地的需要进行补充。

全书由霍志军任主编，张亚龙、潘晓琳、张传义任副主编，丁春利、孙泰宏、于勇、马琳参与编写。其中，绪论、第一章和第六章由霍志军编写，第二章由孙泰宏、于勇编写，第三章由张亚龙编写，第四章由丁春利、马琳编写，第五章和第七章由潘晓琳编写，第八章由张传义编写。全书由霍志军统稿，曹铁、关洪江主审。

目　录

绪论……………………………………………………………………（1）

第一章　小豆……………………………………………………………（3）
　第一节　概述…………………………………………………………（3）
　第二节　小豆栽培生物学基础………………………………………（4）
　第三节　小豆栽培技术………………………………………………（7）
　第四节　小豆病虫草害防治…………………………………………（16）

第二章　绿豆……………………………………………………………（20）
　第一节　概述…………………………………………………………（20）
　第二节　绿豆栽培生物学基础………………………………………（21）
　第三节　绿豆栽培技术………………………………………………（25）
　第四节　绿豆病虫害防治……………………………………………（32）

第三章　亚麻……………………………………………………………（36）
　第一节　概述…………………………………………………………（36）
　第二节　亚麻栽培生物学基础………………………………………（38）
　第三节　纤维亚麻的栽培技术………………………………………（41）
　第四节　亚麻病虫草害防治…………………………………………（49）

第四章　南瓜……………………………………………………………（53）
　第一节　概述…………………………………………………………（53）
　第二节　南瓜栽培生物学基础………………………………………（54）
　第三节　南瓜栽培技术………………………………………………（57）
　第四节　南瓜病虫草害防治…………………………………………（66）

第五章　甜菜……………………………………………………………（71）
　第一节　概述…………………………………………………………（71）

第二节　甜菜栽培生物学基础…………………………………………………………（73）
第三节　甜菜栽培技术…………………………………………………………………（80）
第四节　甜菜病虫草害防治……………………………………………………………（90）

第六章　花生…………………………………………………………………………（97）
第一节　概述……………………………………………………………………………（97）
第二节　花生栽培生物学基础…………………………………………………………（99）
第三节　花生栽培技术…………………………………………………………………（104）
第四节　花生病虫害防治………………………………………………………………（112）

第七章　向日葵………………………………………………………………………（115）
第一节　概述……………………………………………………………………………（115）
第二节　向日葵栽培生物学基础………………………………………………………（117）
第三节　向日葵栽培技术………………………………………………………………（121）
第四节　向日葵病虫草害防治…………………………………………………………（134）

第八章　烟草…………………………………………………………………………（139）
第一节　概述……………………………………………………………………………（139）
第二节　烟草栽培生物学基础…………………………………………………………（144）
第三节　烟草栽培技术…………………………………………………………………（147）
第四节　烟草病虫草害防治……………………………………………………………（160）

绪　论

一、经济作物的概念与分类

世界上一些主要经济作物如花生、甜菜、烟草、麻类及热带、亚热带经济作物的集中化与专门化程度均较高。20 世纪 80 年代初以来，中国在“绝不放松粮食生产，积极发展多种经营”方针指导下，逐步扩大经济作物面积，并根据“因地制宜，适当集中”的原则，调整作物布局，建设各种经济作物的商品基地，促进了各类经济作物全面发展。

经济作物是指对自然条件选择较严、技术要求复杂、产品的经济价值较高、主要用做工业原料的作物，故又称技术作物或工业原料作物。

经济作物按用途分为四类：

1. 纤维作物　其中有种子纤维，如棉花；韧皮纤维，如大麻、亚麻、洋麻、黄麻、苘麻、苎麻等；叶纤维，如龙舌兰麻、蕉麻、菠萝麻等。

2. 油料作物　常见的有花生、油菜、芝麻、向日葵等，大豆有时也归于此类。

3. 糖料作物　北方有甜菜，南方有甘蔗，此外还有甜叶菊等。

4. 其他作物（有些是嗜好作物）　主要有烟草、茶叶、咖啡、可可等，此外，还有桑、橡胶、香料作物、纺织原料作物等。

上述分类中有些作物可以有几种用途，如大豆既可食用又可榨油；亚麻既是纤维作物，种子又是油料。因此上述分类不是绝对的，同一作物，根据需要，有时被划在这一类，有时又可归为另一类。

经济作物按所处温度带分为热带经济作物、亚热带经济作物和温带经济作物。

二、经济作物在农业生产中的地位和意义

经济作物生产的集约化和商品化程度较高，综合利用的潜力很大，要求投入较多的人力、物力和财力。因此，必须注意解决好经济作物和粮食作物争地、争劳力、争资金的矛盾，以及收购政策、价格政策、奖售政策等问题，促进经济作物的发展。

1. 经济作物在农业中的地位

经济作物是农村经济收入的重要来源和多种经营的主要内容，能促进粮食生产和其他农

业部门的发展，是重要的工业原料和人们日常生活资料的重要来源，同时还是外贸的重要商品。

2. 意义

经济作物在我国农业中占有十分重要的地位。经济作物产品具有特殊的使用价值，许多经济作物产品是人类生存最基本、最必需的生活资料，关系到我国十几亿人饮食、穿衣等生活质量提高的大问题。

经济作物的生产对我国工业尤其是轻工业的发展具有举足轻重的作用，同时也是出口创汇、增加国民经济收入的主要来源。调整农业产业结构，加快经济作物生产，促进我国外向型农业的发展，增加先进技术设备的进口，是加快国家工业化和实现农业现代化的有效途径。因此，我国经济作物的生产对整个国民经济的发展和社会稳定有着十分重要的作用。

古人曰，“一日不再食则饥，终岁不制衣则寒”（西汉晁错《论贵粟疏》），“人之情，不能无衣食。衣食之道，必始于耕织”（《淮南子》）。可见农业生产是人类生存之本、衣食之源。我国以占世界7%的耕地养活了占世界22%的人口，无疑是对人类的重大贡献。而在这一贡献中，经济作物生产具有仅次于粮食作物生产的重要地位。在中国与人们生活息息相关的粮、棉、油、糖、麻、烟、茶、桑、果、菜、药11大类作物中，经济作物棉、油、糖、麻、烟、茶、桑占7大类，均是人们生活中重要的生活资料来源。除吃饭外，穿衣在人民基本消费方面占有重要地位。

目前，中国服装原料的80%来源于农业生产，合成纤维仅占20%左右。近年来人们在穿着方面表现出一种回归自然的倾向，天然纤维再度受到人们的青睐。从长远发展来看，经济可再生的植物性纤维及蚕丝织品仍是化学纤维所不可代替的。

油料作物是人们植物蛋白和植物油脂的主要来源，植物油脂富含油酸、亚油酸等不饱和脂肪酸，在改善人们食物营养和健康上具有重要意义。经济作物生产的产品为工业生产提供了重要的原材料。

目前，我国约40%的工业原料、70%的轻工业原料来源于农业生产。制糖、卷烟、造纸、食品等工业的原料只能来源于农业生产，纺织制衣业原料主要依赖于棉、麻生产。随着人民生活水平的提高，对农产品加工品的需求将不断增加，因此，在今后较长的时期内，我国轻工业的发展仍然依赖于农业生产，特别是依赖于经济作物及优质作物的生产。

茶、蚕丝织品、棉织品、麻织品、编织制品等经济作物产品及其加工制品，不少是中国的传统出口产品，也是国家出口创汇的重要物资，经济作物产品及其加工品的出口额在国家总出口额中占有较大的比重，今后长期内仍将是出口物资的重要来源。

中国加入WTO后，发展外向型农业，其中经济作物及其加工品的生产和出口占有举足轻重的地位。中国是一个农业大国，农业人口占80%，消除贫困，让农民增收致富已成为中国农业发展的重要目标。如何使已经温饱的农民更快地富裕起来，发展经济作物及其加工品的生产是农业增效、农民致富的重要途径之一。

第一章 小 豆

学习目标：

◆通过学习理解掌握小豆的营养与应用价值

◆掌握小豆的形态特征与生物学特征

◆掌握小豆的栽培技术及病虫草害防治方法

第一节 概 述

小豆别名赤小豆、红豆、红小豆，属于一年生草本植物，原产于我国喜马拉雅山一带。小豆属豆科、豇豆属的一个栽培种。

小豆是我国北方主要小杂粮之一。中国种植小豆面积和产量都居世界首位，其次是日本、朝鲜、印度、泰国。加拿大、巴西、扎伊尔、新西兰、美国已引种成功。中国主产区在华北、东北、黄河流域和长江中下游地区及台湾省。我国著名的小豆品种如天津红小豆，在国际市场享有盛誉，远销日本、港澳及东南亚很多国家和地区。适当发展种植红小豆对调整种植业结构，发展外向型经济及“两高一优”农业，具有十分重要的意义。

一、小豆的营养价值

小豆的营养非常丰富，是多种主食和副食的高蛋白原料。据测定，小豆籽粒中含蛋白19％～22％、脂肪0.4％～2.7％、碳水化合物56％～61％，每百克籽粒中含有67 mg钙、305 mg磷、5.2 mg铁、0.31 mg硫胺素、0.11 mg核黄素、2.7 mg烟酸。此外还含有较多的人体必需的各类氨基酸，比如赖氨酸、色氨酸、苯丙氨酸、蛋氨酸、苏氨酸、亮氨酸、异亮氨酸、精氨酸等。

二、小豆的应用价值

小豆的经济价值很高，适口性又好，广泛应用于食品加工业，如制作小豆馅、小豆羹以及小豆冰棍、糕点、豆馅等，很受人们的欢迎。小豆也是重要的药材。小豆籽粒性味甘酸，无毒，有利水除湿、和血排脓、消肿解毒的功能。小豆的叶、花和豆芽也都能入药治病。现代医学还证明，小豆对金黄色葡萄球菌、福氏痢疾杆菌和伤寒杆菌都有明显的抑制和杀灭作用。另外，小豆的茎叶和加工后的副产品含有丰富的养分，是优质饲料，因此发展小豆生产具有很重要的经济意义。

第二节　小豆栽培生物学基础

一、小豆形态特征

小豆形态如图 1—1 所示。

1. 种子

小豆种子由种皮、子叶和胚构成。籽粒圆筒形。种皮有红、白、灰、绿、黄、黑、褐、灰花纹和花斑等色，生产上常用的种子主要呈淡红、鲜红、深红、暗红色。种皮有竖直的白色种脐，背面有一条不明显的棱脊。种子质地坚硬，不易破碎。根据籽粒大小可将小豆分为小粒种（百粒重 5～9 g），中粒种（百粒重 9～15 g）和大粒种（百粒重 15 g 以上）。

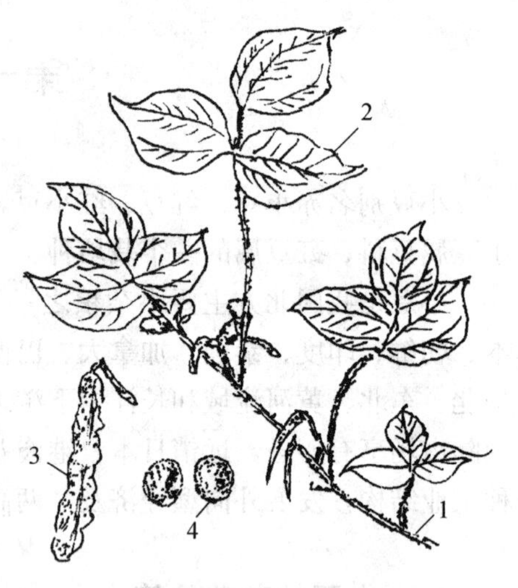

图 1—1　小豆

1—茎　2—叶　3—荚果　4—种子

2. 根

小豆的根系是圆锥根系，由主根、侧根、须根、根毛和根瘤几部分组成。小豆的主根不发达，入土深约 50 cm。侧根较为发达，根毛多，根群主要分布于地下 10～20 cm 表层中。根系生长的最适地温是 22～27℃。土壤水分不足时，根向地下深处发展。在湿润的条件下，近地表节长出不定根，有的侧根多达 50 多条。小豆的根系生长还与土壤容重有密切关系，质地疏松、容重小的土壤，根系发达。

小豆和其他豆科植物一样，根上长有根瘤。根瘤的大小、着生部位、内部颜色等都和固氮能力的强弱有关。一般着生在主根或主根附近的根瘤较大，内部多含红色的汁液，固氮能力较强。

小豆根瘤菌在土壤中时带鞭毛，能游动，不能固氮。小豆出苗后，由于根系分泌一种对根瘤菌具有吸引力的糖、酸等物质，如丰乳糖、糖醛酸、苹果酸、可溶性碳水化合物等，使根瘤菌集聚到幼根周围，从根毛尖端侵入并开始大量繁殖，细胞增殖，组织膨大，形成瘤状。根瘤在长成之前不具备固氮能力，而且根瘤的成长所需营养要靠小豆供给。因此，幼苗期的根瘤菌与小豆是寄生关系。随着植株的生长，根瘤的固氮能力逐渐增强，开花前后为根瘤菌繁殖旺盛时期，开花后两周，根瘤菌的固氮能力最强。在一般生长条件下，小豆可从空气中固定氮素 75 kg/hm^2左右。

3. 茎

小豆茎秆为圆筒形，绿色，少数品种为紫色；可分为直立、蔓生、半蔓生三种类型。小豆主茎高一般为 30～150 cm，茎秆节数一般 20 个，从茎基部节第三节以上开始发生分枝，分枝数 4～5 个。视品种和栽培条件的不同，茎高和分枝多少也不完全一致，早熟品种茎秆多为直立型，主茎高 30～60 cm，分枝少。中熟品种茎秆多为蔓生或半蔓生型，主茎长达 150 cm 以上，分枝较多。同一品种在肥水充足的条件下，分枝相对增多；肥水不足则能抑制分枝的发生和生长，尤其在氮、磷不足时表现更为明显。此外，密度大时，小豆单株分枝数少；密度小时，其分枝数明显增多。

4. 叶

小豆叶片有子叶和真叶。子叶两枚，肥厚，呈椭圆形，子叶不出土。真叶有单叶和复叶，第一对真叶为对生的短柄单叶，呈圆形，个别品种为披针形，以后生出的为互生长柄。三出复叶叶形也因品种而异，有近圆形、剑头形和介于二者之间的中间类型。复叶的两侧两片小叶较大，顶端的小叶片尖端较尖，每片小叶基部都有一对小托叶。

5. 花序

小豆花序为总状花序，花梗自叶腋长出。在花梗的顶端着生 2～6 朵小花，丛生于花梗上。花为黄色蝶形花，花柄很短。旗瓣肾形，顶面中央微凹，基部心形。翼瓣斜卵形，基部有渐尖的爪；龙骨瓣狭长，有角状突起；小苞 2 枚，呈披针形，长约 5 mm，上着生茸毛。花萼短钟状，有 5 个萼齿。雄蕊 10 枚，有 9 枚合生，1 枚单生，称为两体雄蕊。花药很小，子房上位，密被短硬毛，花柱呈线形，柱头盘状，自花授粉作物，极少数的为异花授粉。

6. 荚果

小豆荚果为长圆筒形，前端稍尖，略弯曲，无毛。荚果长 10～15 cm，宽 5～8 mm。未成熟的荚果绿色，少数带有红紫色。成熟荚果有黄白、浅褐、黑色三种颜色。成熟的荚果在种子间收缩，有缢痕。普通种荚果的荚皮稍硬不透明，每荚有种子 6～10 粒。薄荚种荚果的荚皮膜状半透明，每荚有种子 4～12 粒。多数品种田间不易裂荚落粒，但收获太晚也会发生爆荚现象。

二、小豆生物学特性

1. 小豆的生育周期

小豆从播种到成熟，整个生育期可分为播种期、出苗期、分枝期、现蕾期、开花期、结荚期、鼓粒期、成熟期。按其生理特点可分为三个大的时期，即苗期、花荚期和鼓粒期，并且这三个时期所经历的时间长短大致相等，见表1—1。

表1—1　小豆的生育周期

苗期	花荚期	鼓粒期
包括种子发芽与出苗、幼苗期和分枝期	包括开花与结荚，即小豆从开花到荚果形成	从荚果伸长到荚内豆粒鼓到最大体积时
主要是营养生长时期，生理特点是以氮代谢为主	营养生长和生殖生长并进时期，植株生长发育最快最旺盛，生理特点是糖、氮代谢并重	种子灌浆过程，生理特点是以糖代谢为主
田间管理的中心任务是抓全苗、壮苗，给下阶段发育打好基础，确保苗全、苗匀、苗齐，促进花芽分化	田间管理的中心任务是增花保荚，协调营养生长和生殖生长平衡发展，控制徒长，防止倒伏，确保多花多荚	田间管理的中心任务是尽可能延长植株功能叶片的寿命，提高光合能力，促早熟，增粒重，实现高产稳产

2. 小豆对环境条件的要求

小豆对环境条件的要求见表1—2。

表1—2　小豆对环境条件的要求

温度	小豆为喜温作物，整个生育期需要有效积温2 000～2 800℃。从播种到开花约需积温1 000℃左右，全生育期最适宜温度为20～24℃。小豆种子在8～10℃时即可发芽，最适宜的发芽温度是14～18℃，田间播种地温应稳定在14℃以上。花芽分化和开花结荚期最适宜温度为24℃，低于16℃时花芽分化受到影响而使花荚减少。小豆对霜害的抵抗力弱，发芽期间不耐霜害。种子成熟期间最怕低温秋霜，遇霜害的种子会降低品质或丧失发芽力
光照	小豆为短日照作物，对光周期的反应较为敏感，中晚熟品种反应尤甚。光照对小豆不同生育阶段的影响不尽相同，幼苗期受影响最大，开花期次之，结荚期受影响较小。小豆幼苗期给以短日照处理，则植株变矮，茎节缩短，节数减少。相反，适当延长日照时间，能使小豆茎叶生长繁茂，叶片增大，产量提高。北种南引，植物矮小，开花提早；南种北引，植株高大，开花延迟或不能结实
水分	小豆每形成1 g干物质需要吸收600～650 g的水分。农谚说："旱绿豆，涝小豆"，主要是指鼓粒灌浆阶段需要较多的水分。小豆对水分的要求，随小豆生育阶段、植株大小、产量高低、土壤结构不同而不同。小豆幼苗期需水较少，开花结荚期需水最多，鼓粒前期需水较多，鼓粒后期需水则较少。土壤水分不足或干旱天气，会影响小豆的生长，造成秕荚小粒。小豆的生长发育要求适当的湿润气候，因其具有一定的耐湿性。但土壤水分过多，通气不良，会影响根瘤菌的生长发育，生育后期空气湿度过大，会降低小豆品质。成熟期间则要求气候干燥，阴湿多雨天气会造成荚实霉烂

续表

养分	小豆生长发育需要大量的氮、磷、钾和其他无机盐类。据测定，每 100 kg 小豆籽粒，需吸收氮 3.42 kg、磷 0.85 kg、钾 2.28 kg 和钙、镁、锌、铁、硫、钼、铜、锰等微量元素 小豆不同生育期，吸收矿质元素的量是不同的。苗期对氮的吸收较少，从分枝期开始明显增加，开花期增加减缓，结荚至鼓粒阶段 20 d 增加最快。对磷的吸收，结荚期以前平缓增加，结荚期显著增加 施氮肥过多或干旱时，不利于小豆对磷的吸收，因此植株各器官中磷的含量下降。相反，在湿润条件下，钾的含量比较低。磷肥施量大，可以调动土壤中的氮素，增加土壤中有效氮的供应，但过多地施用磷肥能加重锌元素的缺乏，并显著降低产量。适量地施用钾肥，可增强茎秆韧性，减轻倒伏以及病害，对促进早熟和增加产量都有明显效果
土壤	土壤是小豆生长的基础，是根系生长发育的园地，是供应小豆生长发育所需营养的仓库。土壤的物理性质和化学性质如何，对小豆的生长发育影响很大。虽然小豆可在各类土壤中种植，但在排水良好、保水力强的疏松壤土上生长最好。小豆还具有较强的抗酸能力，在微酸性土壤上生长良好。在轻度盐碱地上小豆也能生长。在生长季节较短的地区，以选择轻沙壤土为好；在生长季节较长的地区，以选择排水良好、保水力强的黏壤土或壤土为好

第三节　小豆栽培技术

小豆高产栽培技术的运筹原则是采取促进与控制相结合的措施，小豆高产长相是植株生长整齐一致，植株繁茂不倒；前期生长迅速，中期生长稳健，后期成熟加快。在栽培技术上采取促—控—促措施，即前期抓齐苗壮苗，中期抓增花保荚，后期抓增重防倒。

一、轮作倒茬

轮作倒茬是充分利用地力和用养结合的一项优良栽培制度。通过轮作倒茬可以调节地力，改良土壤，减轻杂草及病虫危害。因此，轮作倒茬是经济用地、合理养地、提高单位面积产量的一项基本措施。

小豆忌重茬和迎茬。实践证明，重茬或迎茬，小豆植株矮小，生育迟缓，病虫害严重，荚少粒小，严重减产，轻者减产 10%，重者减产 50%左右。小豆连作减产的原因是多方面的，连作的地一般硝态氮有所增加，磷、钾、钙、钼、铜等元素含量减少，造成营养失调；土壤中的噬菌体和噬菌素（毒素）可抑制根瘤菌的发育；根系分泌的酸类物质过多，不利于根系的生长，并加重病虫危害，小豆品质变劣，产量下降。鉴于以上原因，小豆必须实行轮作，而以间隔 3～4 年轮种一年为好。小豆前茬以小麦、高粱、玉米等禾本科作物为宜。小豆不耐涝，比较耐瘠薄，应选排水良好的中等肥力的平岗地，前茬没有普施特、广灭灵、豆磺隆等农药残留影响。

小豆轮作倒茬的方式主要包括两类：

1. 一年一作　小豆—玉米—谷子、小豆—小麦—小麦。

2. 一年两作　冬小麦—小豆—小麦—谷子—小麦—小豆。

二、种植方式

我国北方大部分地区种植小豆常与玉米、高粱、谷子等作物实行间、套或混种，一般很少采用大面积清种小豆。但清种小豆便于轮作倒茬和田间管理，有利于满足其对光、温、气的需要，减少病虫害蔓延。因此，在轮作中采取清种方式是提高小豆单产和品质的重要措施，生产上清种面积正逐年扩大。红小豆与其他作物间套作主要方式有：

1. 春玉米、小豆 1∶1 套种

是华北北部一年一作区春播小豆的主要方式。玉米行距 70～90 cm，玉米株高 26～33 cm 时，在行间播种 1 行小豆。

2. 大小垄春玉米套种小豆

春玉米大垄 100 cm，小垄 73 cm，间隔种植，玉米出齐苗后，在大垄行间播种 1 行小豆；玉米苗高 26～33 cm 时，在小垄行间播种 1 行小豆。

3. 大小垄小麦套种谷子、小豆、玉米（四大耧麦套小豆）

即播种冬小麦时每 4 垄为一播幅，播幅间距 66 cm 为大背，每一播幅内各垄行距 46 cm 为小背，每一播幅有 3 个小背。翌春在大背上套种谷子，小麦乳熟后期在小背上套种玉米，在两侧的小背上套种小豆，即所谓“九里套谷”、麦苗套豆和“三层楼”的种植方式。

4. 大小垄小麦套种谷子、小豆

有 1∶1 与 2∶2 等种植方式。

5. 夏玉米间种小豆

有 2∶1 与 2∶2 种植形式，行距 50 cm。

6. 向日葵间种小豆

采用 1∶1 的形式，行距 60 cm，两行葵花的行距为 132 cm。

三、精细整地

整地质量的好坏与播种质量、种子出苗、种植密度、排水灌溉等有密切的关系。经验证明，精细整地对于小豆苗全、苗齐、苗壮、促进开花早、结荚多都有重要作用。整地质量差，不利于小豆出苗，也不利于根系的发育和对水分养料的吸收利用。

精细整地基本达到要求是耕层下层的土壤比较沉实，结构良好，毛细管水才能源源上升；上层土壤平整疏松，表土形成覆盖层，避免土壤水分过多蒸发，保持土壤适宜湿度和良好的通气状况。

整地方法有秋耕与春耕。秋耕一般要深，耕深以 20 cm 为最好，或上层浅耕耙茬，底层深松，深松深度 30～35 cm。加深耕作层，扩大土壤库容。春耕宜早，一般“春分”耕地，春耕宜浅，以 9～12 cm 为宜。过深不利防旱保墒，要随耕随耙耱，已经秋耕的不必再春耕，但开冻后必须及时耙平，以利保墒。播前整地，要求把地整平耙实，使耕作层上虚下实，结构良好，保持一定的土壤湿度和空隙度，但耕深不要超过播种深度，以 2～4 cm 为宜。

在北方地区以秋、伏翻地，整平耙碎，秋起垄为佳。一般来讲，秋起垄比春整地增产 10%以上。

四、种子处理

1. 播前晒种

播种前晒种可以提高种子的生活力。晒过的种子发芽快，出苗整齐，一般可以提前出苗 1～2 d。特别是成熟度差和储藏期受潮的种子，晒种的效果更为明显。晒种时不要将种子摊晒在水泥地或石板上，以免温度过高灼伤种子。

2. 精选种子

农谚有“种大苗壮”之说，说明了种子与壮苗之间的因果关系。为了提高种子纯度和发芽率，播前进行一次认真的选种，达到精量点播的种子标准，净度大于 98%，纯度大于 99%，发芽率大于 95%，粒型大小均匀一致，对苗全苗壮，夺取高产是很必要的。选种可采用筛选、粒选、机选和人工挑选等方法。手工粒选的标准如下：

（1）将病斑粒、虫食粒挑出去，使种子带病少，发芽率高，品质好。

（2）将小粒、秕粒、破烂粒、霉粒等挑出去，可提高整齐度，使种子发芽整齐，发芽势强。

（3）脐色、粒色不一致的混杂籽粒挑出去，可提高纯度。

知识链接——小豆优良品种

1. 天津红小豆

天津红小豆是传统优良品种。株高 50～100 cm，茎上无毛，主茎侧枝少而短。三出复叶，小叶圆形或剑头形。主根不发达，侧根细长而直立丛生。花蝶形，呈鲜黄色，每个花梗结 1～5 个荚，荚长 7～16 cm，内有籽粒 4～16 粒，短圆形，两端方或微圆，呈赤褐色。千粒重 130～210 g。生育期 70～110 d，春播可在 5 月中旬，夏播可在 6 月中、下旬。天津红小豆比较耐阴，适宜与玉米等高秆作物间作。清种产量 2 250 kg/hm^2 左右，间作产量 750～900 kg/hm^2。

2. 宝清红小豆

该品种系由黑龙江省宝清县种子公司由农家品种“宝清红”选育成，1996 年由黑龙江省农作物品种审定委员会认定推广。

宝清红小豆生育期 110 d 左右，需有效积温 2 200℃左右，黄花、圆叶、白荚，无限结荚习性。株高 40～50 cm，分枝多，结荚密。籽粒大，有光泽。百粒重 16～18 g，种皮薄，颜色鲜红。脐白色，粒椭圆三棱形。

选择肥力中等半山区坡地，白浆土，黑钙土均可种植。5 月 20 日左右播种，施种肥二铵 150～300 kg/hm²，最好是 15～20 cm 单株种植，保苗不超过 10 万株/hm²，低洼易涝，肥水条件好的地块不宜种植。

3. 莱芜红小豆

莱芜红小豆是山东省莱芜地区农家良种。株高 70～100 cm，分枝 3～5 个，从基部 3～5 节叶腋生出。主茎 17～25 个节丛生型，三出复叶，正反面均有疏生细毛，托叶披针形。黄花，每花梗上有荚果 2～4 个，每株结荚 40～80 个。每荚有籽粒 8～11 个，以 10 粒者为多。荚长 7.5 cm 左右，细长圆筒形，尖端有鹰嘴形弯钩。荚皮成熟后灰黄色，光滑无毛。籽粒短圆形，种皮赤褐色，脐白色。千粒重 120～140 g。一般产量 1 500～2 250 kg/hm²。

该品种适宜华北、黄淮平原地区种植，春夏播均可，春播生育期 120 d，夏播生育期 80 d。播前施足底肥，密度 180 000 株/hm² 左右。

4. 紫小豆

紫小豆由黑龙江省农业科学院育成。植株直立，株高 40～50 cm，每株分枝 2～3 个。小叶尖心脏形，绿色。花鲜黄色。荚淡褐色，单株结荚 50 个左右。粒大，紫黑色，千粒重 85 g。一般产量 1 200～1 500 kg/hm²。

该品种生长期短，成熟早，春播生育期 95 d，夏播生育期 70 d，需有效积温 2 080℃ 左右，其中从播种至出苗 190℃ 左右，至分枝期 360℃ 左右，至花荚期 1 530℃ 左右，最适宜夏直播。种植密度 15 000～18 000 株/hm²。

5. 白小豆

白小豆由黑龙江省农科院育成。植株直立，幼苗深绿，幼茎绿色。株高 60 cm，每株分枝 3～4 个。小叶心脏形，深绿色。花鲜黄色。荚成熟后浅褐色，单株结荚 50 个左右。粒白色，千粒重 90 g。一般产量 1 200～1 500 kg/hm²。

该品种生育期较短，春夏播种均可。春播生育期为 115 d，夏播生育期为 70 d，需有效积温 2 080℃左右，其中从播种至出苗 220℃左右，至分枝期 390℃左右，至花荚期 1 470℃左右。适宜密植，可直播或套种。

3. 测定百粒重和发芽率，计算播种量

种子精选之后，还要做种籽粒重的测定和发芽试验，粒重和发芽率是计算播种量的依据。

测定粒重可随机查取 100 粒种子 3 份，各自称重，用克（g）表示，求出平均数，即是该种子的百粒重。

播种量是根据每千克种子的粒数、种子发芽率、每公顷保苗数、田间损失率等项计算出来的。田间损失率包括除草损失率和间苗损失率，一般为 20%。公顷播种量计算公式如下：

公顷播种量（kg/hm^2）＝公顷保苗株数×120%×百粒重（g/100）×1/发芽率×1/1 000

4. 药肥拌种或浸种

用钼酸铵、硼砂拌种或浸种有明显的增产效果，如果加用农药一起处理，还有防治地下害虫和蚜虫的效果。

用种子量 1%的大豆种衣剂或种子量 0.2%的多菌灵加 0.2%福美双加 0.1%辛硫磷进行湿拌种，可防治根腐病、蝼蛄、地老虎等病虫害。

五、适期播种

1. 确定播期

适时播种有利于全苗、壮苗、多花多荚、适期成熟和提高产量与品质。在自然条件下，影响作物播种期的因素有温度、湿度、无霜期和土质等，但确定播种期的主要因素是温度。种子在 10℃左右时即可发芽，在水分适宜的条件下，一般 5～10 cm 地温稳定在 10～14℃时幼苗就能很好地出土。播种过早因地温偏低，发芽缓慢，容易造成烂种缺苗，不利于实现全苗。播种过晚，易感染病害，而且营养生长期缩短，花荚减少，百粒重降低，影响产量和质量的提高。

东北中南部、西北和华北平原北部一年一作区，小豆播种期在 4 月中下旬，在灾害年份作为救灾作物可推至 5 月上、中旬。在黄淮海平原中部和南部要在小麦收完后抢播小豆，时间一般在 6 月中、下旬。作为救灾作物，播期可延至 7 月 25 日。黑龙江省一般在 5 月中、下旬播种。

2. 播种方法

东北、西北地区多采用原垄耠种、耢种、扣种和掏沟种的形式。大面积应用于耕翻整地的基础上，采取机械平整地后起垄种植。黄淮平原多在整地的基础上耠种，刨埯点种，或采用简易单行播种机播种。

3. 播种深度

小豆子叶不出土，播种不宜过深，一般 3～5 cm 为宜。春播小豆为防止吊干苗，可适当深些；夏播小豆墒情好，可适当浅些。

4. 播后镇压

小豆播种后进行镇压，可使种子与土壤紧密接触，有利于从土壤吸收水分，避免播种后

土壤松虚，水分很快蒸发，而下部水分不能上升，致使种子“落干”。特别是对干旱多风的沙土，播种后镇压更为重要。镇压的时间应根据土壤情况而定，在墒情较差的情况下，应当在播种后立即镇压，尽量减少水分蒸发。在土壤水分较高时，不要立即镇压，要掌握适宜时机，待表土水分散失，有一层干土时再进行镇压。镇压后如用犁开沟播种，在墒情很好的情况下，播种后耙一下即可。一般墒情时，则需用脚覆土再踏一下。在墒情稍差时，播种覆土后采取镇压措施，可以防止跑墒，保证小豆出苗良好。

六、合理密植

合理密植是指不同品种类型，在不同的施肥、管理水平和不同的土壤条件下，单位面积上适宜的种植株数。

1. 产量构成

合理密植是小豆增产的重要环节，因为小豆单位面积的产量是由单位面积的株数、每株荚数、每荚粒数和粒重四个因素决定的，其中公顷株数和单株荚数是决定产量的关键因素。合理密植就是要较好地调节个体和群体之间的关系，使四项因素之积达到最大值。

2. 合理密植原则

合理密植原则是：气温较低、雨水较少的地区，小豆单株生产力较小，则密度应该大些；而气温较高、雨水较充沛地区，小豆单株生长发育较旺盛，植株较大，密度则适当小些。

在相同气候条件下，瘠薄土地不能满足小豆植株生长发育的需要，株丛矮小，所占据的地面空间较小，因此栽培密度应大些，以发挥群体的增产作用。在土质较好、土层较厚土壤中，能供给小豆生长发育较充足的营养，个体生长繁茂，所占据的地面空间相对大些，栽培密度就应小些，以保证每一个个体有较充足的营养面积，充分发挥单株生产潜力。

依品种特性而言，普通型蔓生品种，由于茎蔓分枝多而长，开花结荚分散，栽培密度要小些；直立型小豆品种，由于植株生长比较紧凑，结荚范围比较集中，单株所占营养面积较小，所以种植密度应大些。栽培条件较好的地块，肥水充足，植株个体发育旺盛，密度范围要小些；反之，施肥少的情况下，植株生长矮小，留苗密度应大些。

一般高肥水地，密度 9.8 万～12 万株/hm^2，中肥水地留苗 12 万～15 万株/hm^2，低肥水地密度 15 万株/hm^2以上。播种时行距适当放宽，一般 60～70 cm，株距适当减少，一般 11～15 cm。间作套种小豆留苗密度应酌情掌握。在岗地白浆土上保苗 37.5 万株/hm^2，以 30 cm 行距平作为宜。最好采用在秋起垄上双条播或气吸式点播机械播种，以利提高地温，防旱排涝，促早春幼苗健壮生长。

七、合理施肥

根据小豆的营养特点和需肥规律，其施肥原则是巧施氮肥，重施磷肥，有区别地施用钾肥，适当增施钼肥和菌肥。在黑土、草甸土等肥力较高地区，施肥（商品量）105 kg/hm^{2}左右，氮∶磷=1∶1为宜；在白浆土肥力较差的地区，施肥量120 kg/hm^{2}左右，氮∶磷=1∶1.2为宜，施肥方法以播前深施和种肥两次施入为宜，其中种肥为总肥的1/3，基肥占2/3，施于8～11 cm深处。为保障营养生长和生殖生长协调，防倒伏，可施钾肥30～45 kg/hm^2。

1. 底肥

一般农家肥都用来施作底肥，如堆肥、厩肥、猪粪、羊粪及土杂肥等。底肥的用量应视粪肥质量而定，优质农家肥15 000 kg/hm^{2}左右，质量稍差的土粪，可多施些，底肥随耕地时均匀撒入。春播小豆应增加底肥施用量，夏播小豆因抢收抢种无法施肥，底肥主要用在前茬小麦上。

2. 种肥

种肥包括播种前开沟施肥和播种同时施肥两种形式，在没有施底肥和口肥的地块，施入全部磷肥和1/3的氮肥。需要施用钾肥的地块，也应作为种肥与氮、磷一起混合施入。施肥方法应视播种方法而定，如耠沟播种的可以人工撒施，机械播种的可用播种机施入，但要做到种子和肥料隔离，避免烧种。肥料拌种有根瘤菌剂拌种和钼酸铵拌种。根瘤菌剂拌种，选用本族根瘤菌剂，用量约2.25 kg/hm^2，要求每粒小豆种子沾上1万根瘤菌株。钼酸铵溶液拌种，用钼酸铵15～22.5 g/hm^2，溶于40～50 mL 50℃温水中，再用喷雾器喷在种子上，边喷边搅拌，晾干后即可播种。

3. 追肥

小豆的追肥应重点掌握在开花初期追施2/3的氮肥，开沟施入，及时覆土；如播种时未施磷肥，此期可追施磷酸铵复合肥150 kg/hm^2。

4. 叶面肥

叶面肥是采用叶面喷洒的方法施肥，其时间应掌握在小豆开花初期。肥液配制方法是：50 L水加钼酸铵20～25 g，充分溶解搅拌后，喷洒375～450 kg/hm^{2}溶液。这是一项经济有效的增产措施。

八、田间管理

搞好田间管理的目的，就是促全苗、促壮苗、争早发、多开花、多结荚。

1. 查苗补种

尽早查苗补种是保证合理密植，实现苗全、苗齐、苗匀、苗壮的一个重要环节。当小豆苗出土达80%左右时，要逐块逐行检查，发现缺苗时，及时用催好芽的种子补种。第一次查苗补种齐苗后，还要再检查1～2次，如发现因病虫、风、雨等自然灾害又造成缺苗时，立即进行芽苗补栽。芽苗补栽时，天气要好，温度要高，选苗要小，根子要少，坑要小，刚埋小苗算正好；栽后不板，水要少，移栽5～6 d后，松土保墒，尽早施些“偏心”肥，力争达到苗全、苗匀。

2. 间苗、定苗

间苗、定苗是控制小豆群体株数，减少养分无效消耗，促进壮苗，提高单产的有效措施。通过间苗，使幼苗分布均匀，节间变短，分枝增加。一般在幼苗出齐，两片真叶展平时间苗，第一复叶期定苗，最迟不超过第二复叶期。但在病虫害较重地区和年份，应适当推迟到第二、三复叶期定苗。结合间苗拔掉病株和弱苗，并带到小豆田外处理。

3. 除草

小豆田间杂草防除，可采用化学药剂封闭除草和机械中耕除草相结合。近几年采用豆田除草药剂配方进行小豆化学除草，收到较好效果，参考药剂和配方见表 1—3。

表 1—3　　豆田除草药剂配方及小豆化学除草效果

用药时间	药剂配方及公顷用量	效果
播前 4 d 土壤处理	48%氟乐灵乳油 1 500 mL	施药间隔短，有药害
播后苗前土壤处理	70%杜尔乳油 2 625 mL+70%赛克津粉剂 525 g	效果好，无药害
播后苗前土壤处理	50%乙草胺乳油 1 500 mL+70%赛克津粉剂 450 g	效果好，无药害
播后苗前土壤处理	50%乙草胺乳油 2 625 mL+72% 2，4-D 丁酯乳油 750 mL	杀草 80%，无药害
苗后茎叶处理	12.5%盖草能乳油 1 125 mL	效果好，无药害
苗后茎叶处理	15%稳杀得乳油 1 050 mL	杀草 98%，无药害

中耕能消灭田间杂草，疏松土壤，调节水肥气热状况，促进根系发育，增强固氮能力。群众中有“早中耕地发暖，勤中耕地不板，深中耕根深、株壮、节间短，细中耕除草、防病、防涝又防旱”的说法，充分说明了中耕锄地的重要作用。春小豆一般中耕 2～3 次，夏小豆中耕 1～2 次。出苗后结合间苗进行第一次中耕，苗期中耕为浅中耕，耕深 10～15 cm。花荚期第二次中耕，耕深 15～20 cm，断掉部分侧根，以控制营养生长过旺。开花前结合除草起垄培土，后期拔大草一次。

4. 化控调节

应用植物生长调节剂可以促进或控制小豆的营养生长和生殖生长，增加经济产量。例如，在小豆初花期、盛花期分别喷洒 100 mg/L、200 mg/L 的三碘苯甲酸，能有效地抑制徒长，矮化茎秆，防止倒伏。在幼苗期喷洒矮壮素，能使小豆的节间缩短，茎秆粗壮，植株矮化，增强小豆的抗风性能。

九、灌溉与排涝

由于小豆的生育阶段不同，需水量也有很大差异，如苗期植株小，生长慢，需水量较少，但由于苗小根少，吸水能力弱，稍有旱象就会影响生长发育。花荚期是营养生长和生殖生长齐头并进时期，需水量达到高峰，称为需水临界期，此期缺水，花荚减少，给产量带来严重影响。鼓粒灌浆期是生殖生长旺盛期，也需要较多的水分，此期水分不足，荚秕粒小，严重减产。因此，小豆合理灌水的原则是：前期量要小，时间要适当早；中期量适中，方法掌握巧；后期不放松，水量要灌饱。

小豆虽然具有一定的耐湿性，但幼苗期怕涝，花荚期最怕水涝，整个生育期间都不能出现渍水现象。在渍水情况下，受害植株根瘤固氮和供氮能力减弱，要注意及时排涝，保证雨后田间无积水。

十、收获与储藏

小豆上下部荚果成熟不一致，往往基部荚果已呈现黑色，有 2/3 的荚果变黄时，为适宜的收获期。收获过早色泽未显，粒形不整，小籽粒多，品质低下；收获过晚不但荚果裂开，籽粒散落，而且豆粒中部光泽减退，异色粒增加，品质下降。小面积栽培时可分次采摘，大面积栽培时多为一次性收获。收后晾晒促进后熟，即可脱粒，扬净晒干后入库储存。

北方地区一般采用人工收割，田间晾晒，待豆荚全部变黄白色，籽粒变成固有形状和颜色，水分为 16%～17%时再运回晒场脱粒。如面积大需用机械脱粒时，可通过调整，使破碎粒降到 3%～5%。

储存小豆籽粒的含水量必须控制在 13%以下，否则极易变质。小豆种子一般可保持 3～4 年。

小豆在储藏过程中豆象为害十分严重，有时豆粒虫蛀率达 100%，被害的豆粒残缺不全，有一个及数个圆洞，丧失食用价值。防治方法如下：

（1）将豆翻动后堆成 30 cm 高的小堆，顶端插以草把或玉米穗轴。经过一段时间，草把或玉米穗轴上集满害虫，取出后用沸水烫死或药剂处理。

（2）豆象以幼虫在豆粒内越冬，翌年春季羽化成虫。因此，在每年 2～3 月份用干沙包或其他异种粮将豆面封闭严实，阻止成虫钻出粮面交尾产卵，控制第一代成虫出现。压盖时，必须做到平、紧、密、实。

（3）选择冬季寒冷晴天，仓库外薄摊小豆 6～9 cm，勤加翻动，夜间温度如－10～－5℃ 以下，连续冻 2～3 d 即可。

（4）药剂防治可用敌敌畏、氯化苦、溴甲烷、磷化铝等熏蒸剂熏蒸灭虫。每立方米粮堆用 300 mg 80%敌敌畏乳油，或片剂磷化铝 3 g，密闭 5～7 d，防治效果很好。

第四节　小豆病虫草害防治

一、小豆病害防治

小豆的主要病害有轮纹病、菌核病和锈病。

1. 小豆轮纹病

（1）症状　整个生育期均可受害，但以叶片、荚部受害为主。叶片病斑为圆形或近圆形，初呈褐色，边缘深褐色，病斑较大，上有明显的同心轮纹，其上生很多小黑点（即病菌的分生孢子器），干燥后，病斑易穿孔。荚部病斑圆形或不规则形，初为褐色，干燥后亦变为轮纹状。荚受害严重时，荚小而瘪，稍有畸形。重病粒小而瘪，过早干枯；轻病粒生灰褐色斑，表面皱缩，失去光泽。

（2）病原　小豆轮纹病菌属半知菌亚门，球壳孢目，小豆壳二孢属真菌。病菌的分生孢子器生于叶片两面，散生或聚生，球形至扁球形，有孔口，可突出表皮。分生孢子为长圆柱形，两端钝圆，无色，双胞，其寄主有小豆、绿豆、菜豆和豇豆等。

（3）发病规律　病菌以分生孢子器在病残体上越冬，也可随种子越冬。来年春季环境条件适宜时，越冬后产生的分生孢子借风雨传播进行侵染。叶片上病斑产生分生孢子借风雨传播，进行多次再侵染。种子带菌的，一般出苗后即可在子叶上发病，病斑上也可产生分生孢子进行传播，通常后期叶片发生多。小豆结荚后侵染豆荚，病菌穿透荚皮而感染籽粒。

一般说来，种子带菌率高和越冬病残体多，菌量大时，发病严重。植株过密或田间杂草多，有利于发病。气温适宜，多雨，高湿，少日照，有利于病害发生。

（4）防治方法　①轮作，可与小麦、玉米等禾本科作物进行 2 年以上轮作。②秋收后及时耕翻，将病残体埋入土壤深层。③清洁田园，秋收时可将病叶、病株集中烧毁；无病豆荚留种。④药剂防治。在初发期，用 50％多菌灵可湿性粉剂（或 40％胶悬剂）1.5 kg/hm^2，或 70％甲基硫菌灵可湿性粉剂 1.5 kg/hm^2，兑水喷雾。

2. 小豆菌核病

（1）症状　该病从小豆幼苗到成株期均可发生，以花期时危害严重。主要危害小豆地上部茎秆，造成茎腐。幼苗在近地表茎基部，初呈水渍状，呈深绿色湿腐状，上生白色棉絮状菌丝体，严重时倒伏而死。成株茎或茎基部呈暗褐色，湿润状，扩大后呈深褐色，后变苍白色，病斑不规则，可扩展而绕茎部并向上、下蔓延。病部以上往往枯死，也可造成茎秆折断。潮湿时病部产生棉絮状白色菌丝，病茎生有黑色鼠粪状菌核。

（2）病原　小豆菌核病菌属子囊菌亚门，柔膜菌目，核盘菌属真菌。此菌寄主范围广，可侵染 64 科 300 多种植物。它与油菜菌核菌相似，但菌核较小。

（3）发病规律　该菌以菌核在土壤中、病残体上或混在堆肥里和种子间越冬。春天温湿度适宜，越冬菌核萌发产生子囊盘和子囊孢子，子囊孢子随风雨传播侵染。菌丝具有较强的侵染力，可以通过株间菌丝体接触扩大传播成为再侵染，由于菌丝迅速扩展，使病部造成腐烂。

该病在小豆成株期，阴雨连绵，田间湿度过大，最容易发生。

（4）防治方法　①选用无病种子，淘汰种子间混杂的菌核。②与禾本科作物（麦类、玉米、高粱、谷子等）进行 2 年以上轮作，减少土壤中菌核。③深翻将菌核埋在 3 cm 以下。④药剂防治。发病初期，用 50%速克灵（或 50%农利灵）可湿性粉剂 1.5 kg/hm^2，兑水喷雾。

3. 小豆锈病

锈病在大发生年份造成叶片枯黄，提早脱落，植株早衰，籽粒瘪小。

（1）症状　锈病主要为害小豆叶片，其次为害叶柄、茎秆、豆荚等。先在病部产生褪绿色的黄色斑点，以后在斑点处生出铁锈色夏孢子堆，发病后期病斑上产生黑褐色冬孢子堆。

（2）病原　小豆锈病菌属担子菌亚门，柄锈菌科，疣顶单胞锈菌属真菌。单主寄生菌。夏孢子堆为黄褐色，夏孢子为椭圆形至卵形，淡黄褐色。冬孢子堆近似夏孢子堆，但呈黑褐色。冬孢子亚球形至广椭圆形，褐色，平滑，顶部有半圆形而无色的突起，柄无色，不脱落，与孢子等长。小豆锈病菌寄主有小豆、菜豆、豇豆和绿豆等。

（3）发病规律　病菌以冬孢子在病残体上越冬，萌发产生担子和担孢子。担孢子侵染寄主形成锈孢子堆，产生的锈孢子侵入寄主形成夏孢子堆，产生的夏孢子再侵染，扩大蔓延。秋季产生冬孢子堆和冬孢子越冬。

在夏、秋两季，叶面结露或有水滴存在，温度为 15～24℃，空气温度高、湿度大、昼夜温差大，有利于病害流行。

（4）防治方法　①选用抗病品种。②合理轮作，提倡适宜比例的间作套种，合理密植。③搞好田间卫生，收获后彻底除清田间病株残体。提倡秋季翻地，减少初侵染源。④用高效内吸杀菌剂粉锈宁 1.5 kg/hm^2，兑水喷洒。

二、小豆虫害防治

豆蚜是小豆的主要害虫，属于同翅目，蚜科。

1. 危害

以成虫和幼虫聚集在小豆植株的嫩茎、幼芽、顶端心叶和嫩叶背面、花蕾、花瓣及嫩果荚上为害，严重时使植株矮小，叶片卷缩，生长不良，影响开花结实，甚至全株死亡。豆蚜还可危害绿豆等豆科植物。

2. 形态特征

有翅胎生雌蚜体卵圆形，浓绿色或近黑色，腹部各节背中有不规则形横带。复眼深红色。触角 6 节，腹管黑色圆筒形，有瓦纹。尾片长圆锥形，有毛 6 根。

无翅胎生雌蚜体卵圆形，黑色有光泽，外覆薄的蜡粉。复眼深红色。触角 6 节，腹部各节背面骨化较强，膨大隆起，使节间分界不明显。

3. 生活史及习性

豆蚜一年发生 20 多代，以卵在寄主茎上越冬。来年春天迁入豆田为害。喜群集于叶背、嫩茎上为害，夏季繁殖，扩散极快，豆蚜发育适宜温度是 19～22℃，最适相对湿度 60%～75%。主要天敌有瓢虫、蚜茧蜂、草蛉和食蚜蝇等。

4. 防治方法

（1）药剂防治　由于此虫繁殖代数多，扩散为害快，应注意虫情，做到将蚜虫消灭在初发期，常用药剂为 40% 乐果乳油 1 125 mL/hm²，或 50% 抗蚜威可湿性粉剂 150～225 g/hm²，兑水喷雾。

（2）生物防治　利用异色瓢虫、七星瓢虫、草蛉、食蚜蝇、蚜茧蜂等天敌，控制蚜虫的危害。

三、小豆田化学除草

目前，能用于小豆田的除草剂主要有精稳杀得、精禾草克、拿捕净、收乐通、威霸、杂草焚、虎威和普施特等。

1. 15%精稳杀得乳油

主要防治一年生和多年生禾本科杂草。在小豆苗后，禾本科杂草 3～6 叶期施用，全田施药或苗带施药均可。防 2～3 叶期杂草用 500～750 mL/hm²，防 4～5 叶期杂草用 0.75～1.0 L/hm²，防 5～6 叶期杂草用 1.0～1.2 L/hm²。在水分条件好的情况下用低药量，在干旱条件下用高药量。防治较高的芦苇等多年生禾本科杂草，用量 2.0 L/hm²。长期干旱无雨、低温和空气相对湿度低于 65%时不宜施药。一般选早晚施药，10 时至 15 时不要施药。施药后应 2 h 内无雨。长期干旱应待雨后施药，或灌水后施药。施药时注意风速、风向，不要使药液飘移到小麦、玉米、水稻等禾本科作物田，以免受药害。该药对后茬作物安全。喷液量为人工背负式喷雾器 225～300 L/hm²，机动喷雾器 75～100 L/hm²。

2. 5%精禾草克乳油

主要防治一年生和多年生禾本科杂草。在小豆苗后，禾本科杂草 3～5 叶期施用，全田施药或苗带施药均可，用量 750～900 mL/hm²；防治狗尾草、野黍 0.9～1.0 L/hm²；防治多年生芦苇等禾本科杂草 1.5～2.0 L/hm²。杂草叶龄小、茂盛、水分条件好的情况下用低药量，杂草大及在干旱条件下用高药量。长期干旱无雨、低温和空气相对湿度低于 65%时不宜施药。一般选早晚施药，10 时至 15 时不要施药。施药后应 2 h 内无雨。长期干旱应待雨后施药，或灌水后施药。施药时注意风速、风向，不要使药液飘移到小麦、玉米、水稻等禾本科作物田，以免受药害。该药对后茬作物安全。喷液量为人工背负式喷雾器 225～

300 L/hm^2，机动喷雾器 75～100 L/hm^2。

3. 12.5%拿捕净机油乳剂或 20%乳油

主要防治一年生和多年生禾本科杂草。在小豆苗后，禾本科杂草 3～5 叶期施用，全田施药或苗带施药均可，防治 2～3 叶期杂草用 1.0 L/hm^2，防治 4～5 叶期杂草用 1.5 L/hm^2，防治 5～6 叶期杂草用 2.0 L/hm^2。在干旱条件下，12.5%拿捕净机油乳剂用量同上；20%拿捕净乳油防治 2～3 叶期杂草用 1.5 L/hm^2。防治 3～5 叶期用量 3.0～5.0 L/hm^2。一般选早晚、风小时施药。施药时注意风速、风向，不要使药液飘移到小麦、玉米、水稻等禾本科作物田，以免受药害。该药对后茬作物安全。喷液量为人工背负式喷雾器 225～300 L/hm^2，机动喷雾器 75～100 L/hm^2。

4. 12%收乐通乳油

防治一年生禾本科杂草，在小豆苗后，禾本科杂草 3～5 叶期，全田施药或苗带施药均可，用 12%收乐通 525～600 mL/hm^2。当杂草小或施药时田间水分好、杂草生长旺盛、空气相对湿度大时用低药量；杂草叶龄大、田间干旱、空气相对湿度低时用高药量。防治芦苇等多年生禾本科杂草，杂草在 40 cm 以下，用 12%收乐通 1.05～1.2 L/hm^2。在禾本科杂草 4～7 叶期，雨季来临田间湿度大时，用较低药量也能获得好的药效。施药时注意风速、风向，不要使药液飘移到小麦、玉米、水稻等禾本科作物田，以免受药害。对后茬作物安全。人工背负式喷雾器喷液量 150～450 L/hm^2，机动喷雾机 75～150 L。

5. 25%虎威水剂

防治一年生阔叶草。在小豆苗后，一年生阔叶草 2～4 叶期，大多数杂草出齐时茎叶处理，用量 1.0～1.5 L/hm^2。过早施药杂草出苗不齐，后出苗的杂草还需再施一遍药，或采取其他灭草措施；过晚施药杂草抗药性增强，需增加用药量。全田施药或苗带施药均可。一般应选早晚气温低、风小时施药，干旱时用药量应适当增加。长期干旱，如近期有雨待雨后田间土壤水分和湿度改善后再施药，虽然施药时间拖后，但药效比雨前施药好。也可用 25%虎威 1.25 L/hm^2加 6.9%威霸 750～900 mL/hm^2混用。该药对后作大豆、小麦、玉米、亚麻、高粱、向日葵无影响，对后作甜菜、白菜、油菜等有影响。人工背负式喷雾器喷液量 300～450 L/hm^2，机动喷雾器 150～200 L/hm^2。

思考与练习

1. 小豆具有哪些营养与应用价值？
2. 小豆对环境条件有哪些要求？
3. 小豆的种植方式有哪几种？
4. 小豆种子的处理方式有哪几种？
5. 播种小豆时应注意哪些事项？
6. 小豆的常见病虫草害有哪几种？

第二章 绿 豆

学习目标：

◆通过学习理解掌握绿豆的营养与应用价值

◆掌握绿豆的形态特征与生物学特征

◆掌握绿豆的栽培技术及病虫草害防治方法

第一节 概 述

绿豆是一种豆科、蝶形花亚科菜豆属植物，又叫青小豆，古名菉豆、植豆，原产于印度、缅甸地区。现在东亚各国普遍种植，非洲、欧洲、美国也有少量种植，具有粮食、蔬菜、绿肥和医药等用途。

我国是世界上最大的绿豆生产国，绿豆出口量约占国际市场的20%以上，其主要产区集中在黄淮海平原的河南、河北、山东等省，陕西、山西、四川等省也有一定的种植面积。

一、绿豆的营养价值

绿豆营养丰富，据测定，籽粒中含蛋白质22%～24%、碳水化合物58.2%～60.4%、脂肪1.2%～2.4%，还含有丰富的无机盐和多种维生素。和各类食用作物比较，绿豆的蛋白质含量是小麦的2.3倍，玉米的3倍，稻米的3.2倍，小米的2.7倍。绿豆蛋白质中还含有人体必需的各类氨基酸，特别是赖氨酸含量，一般比各类食用作物高出3～5倍。

二、绿豆的应用价值

绿豆的经济价值很高，被誉为“绿色珍珠”，广泛应用于食品酿造和医药工业等。在食品工业方面，常见的绿豆食品有绿豆沙、绿豆饼、绿豆糕等传统糕点食品。有的则以绿豆为原料加工成粉皮、粉丝等，在国际市场上享有盛誉。在酿造工业方面，四川泸州的绿豆大曲、安徽的明绿液等，酒味醇香，享誉国内外市场。在医药方面，绿豆的籽粒、花、叶、豆芽皆可入药，有消肿益气、利尿止渴、解热消暑等功效。现代医学认为，绿豆对高血压、心脏病、糖尿病等均有良好的辅助疗效，常用来作为食疗药物。此外，绿豆的籽粒、茎叶、荚壳等作为畜禽的优质饲料，蛋白质含量高，是玉米秸秆的 3～4 倍，适口性好，消化率高，饲喂奶牛效果极好。因此，绿豆生产在改善人民生活和农村经济发展中占有重要的位置。

第二节　绿豆栽培生物学基础

一、绿豆形态特征

绿豆形态如图 2—1 所示。

1. 根

绿豆的根系由主根、侧根、次生根组成。主根垂直向下，分布在地表下 8～10 cm 处，主根上着生侧根，向四周水平延伸生长 20～30 cm，然后向下生长，入土深度超过主根。次生根较短，侧根梢部根毛发育良好，绿豆 80％的根系集中分布在 20～30 cm 的土层内。

2. 根瘤

绿豆主根和侧根上着生有许多根瘤，根瘤中着生根瘤菌。根瘤菌是一种好气性细菌，以腐烂的作物根茬为养分。绿豆生根后，根部先分泌出一些物质，并吸收根瘤菌聚集于根毛处大量繁殖。根瘤菌分泌物刺激皮层的厚膜细胞迅速分裂，当分裂产生大量细胞时，就在根的表面出现了很多小突起，这就是根瘤。根瘤菌在根瘤中繁殖很快，使根瘤由小变大，一般一个根瘤内有 2 000～3 000 个根瘤菌。

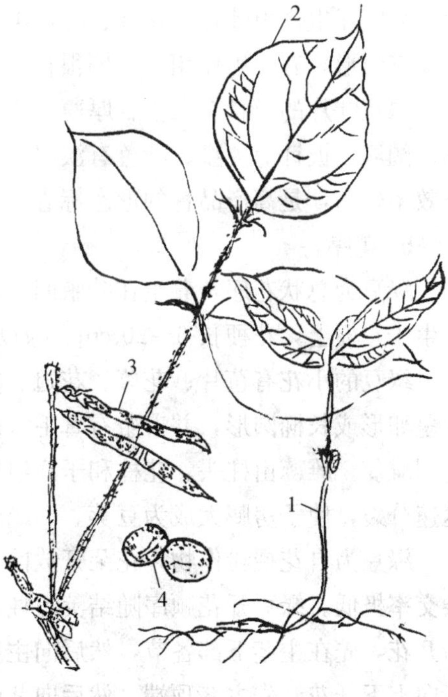

图 2—1　绿豆

1—幼苗　2—叶片　3—荚果　4—种子

3. 茎

绿豆茎秆高一般为 40～80 cm，高者可达 150 cm，矮者只有 30 cm。茎秆坚韧，近似方形或圆形。主茎和分枝上都有节，每个节着生一片复叶（顶端例外），一般品种由 10～15 节组成。节与节之间叫节间，上部节间长，下部节间短，一般茎部节从第一节至第五节都着生分枝，第三节或第四节以上着生花梗，在花梗顶端的节瘤上着生花荚。因此，节数的多少关系到产量的高低。

绿豆株型按茎秆的生长习性可分为四种：

（1）蔓生型　茎细、节长、主茎短、分枝多，一般匍匐地面或缠绕他物。

（2）半蔓生型　基部直立，上部或中部变细略呈攀缘形，可缠绕他物。

（3）丛生型　茎粗壮、株矮、节短、分枝多而发达，与主茎间夹角较小，呈丛生直立生长。

（4）直立型　茎秆直立，少分枝，且短于主茎，节间短，株高适宜，抗倒伏能力强。

4. 叶

绿豆叶有子叶和真叶两种类型。子叶是由种子中两个肥厚豆瓣在种子下胚轴延伸作用下出土形成的。子叶两枚，呈椭圆形或倒卵形，子叶中富含蛋白质和碳水化合物等营养物质，供种子发芽、出苗和幼苗生长。子叶出土后 7 d 左右即干枯脱落。

绿豆真叶又有单叶和复叶之分。从子叶上面第一节长出的两片对生披针形真叶叫单叶，它是胚芽内的原始叶。随幼茎生长在两片单叶上面节上又长出三片单叶组成的真叶叫三出复叶。复叶互生，由叶片、托叶、叶柄组成。托叶一对，着生在叶柄基部两侧，体形很小，呈狭长三角形，有保护作用。叶柄很长，具有连接茎秆和叶片的作用。

绿豆叶片的形状有大小、厚薄、颜色深浅之分，因栽培条件不同而异。叶形有卵圆、椭圆、阔卵、披针等类型，叶色有淡绿色、绿色、深绿色。一般叶色浓绿，叶肉细胞较多，光合效率较高，是高产品种的形态标志。

5. 花序

绿豆为总状花序，着生在叶腋间。每一花序一般有 10～25 朵花（最多的可达 150 朵），从生于花梗上，花梗长 6～20 cm。绿豆每个花序开花虽多，但只有 1/3 的花结荚。

绿豆的小花有苞片、花萼、花冠、雄蕊和雌蕊 5 个部分。苞片位于花萼管基部外侧，苞片呈卵形或长椭圆形，并着生有茸毛，以保护花蕾和进行光合作用。雄蕊 10 枚，在花冠内包围雌蕊。雌蕊由柱头、花柱和子房组成。受精后花冠即逐渐凋谢，子房基部分生组织细胞迅速分裂，使子房膨大成为豆荚。

绿豆为自花授粉作物，花朵开放前，花粉已经落在雌蕊柱头上完成授粉过程，所以天然杂交率极低。绿豆开花顺序随结荚习性不同而异。无限结荚习性品种由内向外，由下向上逐渐开花，先在主茎下部各节，然后向主茎和分枝的顶端扩展；有限结荚习性品种由内向外逐渐向上下开花，先主茎顶端，然后向茎中部、下部和分枝扩展。绿豆花期一般为 30～40 d。

6. 荚果

绿豆果实称为荚果，由荚柄、荚皮和种子组成。每株的结荚数因品种和生长条件而异，少者 10 多个，多者达 150 多个，一般在 80 个左右。豆荚圆而细长，外有茸毛，也有无茸毛品种。豆荚按形状可分为圆筒形、镰刀形、弯弓形、羊角形。荚皮颜色有黑、黄、白、深褐和浅褐色。荚长 8 cm 以下，单株结荚 80 个以上者，为多荚型；荚长 10 cm 以上，单株结荚少于 50 个，为大荚型；介于二者之间的为中荚型。每荚粒数通常为 12～14 粒，少者 8 粒，多者24粒。

绿豆的结荚习性有以下三种类型：

(1) 有限结荚习性　结荚密集，着生在主茎花梗上及主茎和分枝顶端，以花簇封顶。

(2) 无限结荚习性　结荚比较分散，多数结在中部和顶端，中间的结荚少。只要气候适宜，可无限结荚。

(3) 亚有限结荚习性　介于有限结荚和无限结荚习性之间。

7. 籽粒

绿豆籽粒也是种子，由种皮、子叶和胚三部分组成。种皮由胚珠的内外珠被发育而成，主要起保护作用。种皮外边有一个明显的脐，脐下有一小孔叫珠孔，胚的幼根从此处长出。子叶是被种皮包裹着的两片肥厚的豆瓣，呈淡黄绿色或黄白色，质地坚硬，占种子全部重量的90%左右。籽粒大小和形状主要由子叶决定。胚位于基部两片子叶之间，占种子重量的2%～3%。胚由胚根、胚芽和胚轴组成。胚芽有主芽和两个侧芽，胚芽下端为胚轴及胚根。

绿豆籽粒有绿色、黄色、棕色、黑色和青蓝色，外面覆被蜡质，有光泽为明粒，无蜡质为毛粒。绿豆籽粒形状有球形和圆柱形，一般长4～8 mm。长与宽相差1.5 mm以内为球形，相差1.5 mm以上为圆柱形。绿豆籽粒分大、中、小三种，百粒重在6 g以上的称为大粒种，百粒重在4～5.9 g的称为中粒种，4 g以下的称为小粒种。

二、绿豆的生物学特性

1. 绿豆的生长发育周期

绿豆的生长发育可分为4个阶段，即幼苗生长期、花芽分化期、开花结荚期和鼓粒灌浆期，见表2—1。

表2—1　绿豆的生长发育周期

幼苗生长期	绿豆从出苗到分枝出现称幼苗期。其生长过程是绿豆出苗后两片子叶展开，幼茎继续伸长，长出第一对真叶、第一复叶节和两个节间。此时地上部生长速度较慢，地下部根系生长较快。一般地下部分比地上部分生长快5～7倍，这一阶段约需15～20 d，占整个生育期的1/5左右。农业措施应创造有利于根系发育的条件。疏松的土壤、充足的肥料、适宜的湿度和较高的温度，会促进根系和幼苗的生长发育
花芽分化期	绿豆植株形成第一分枝到第一朵花出现为分枝期。绿豆的花芽分化开始于分枝初期，一般在开花前15～25 d，需要经历30～40 d。早熟无限结荚习性品种分化较早，晚熟有限结荚习性品种分化较晚

续表

开花结荚期	全田绿豆 1/3 植株出现两朵以上的花开时，称为开花始期。从花蕾膨大到花朵开放需 2～4 d，每朵花开放时间需 3～4 h（午后花能持续 1 夜）。花朵开放前，花粉已大量落在柱头上。花粉在柱头上发芽产生花粉管，穿入珠孔，花粉中的精子与胚珠内卵细胞和极核细胞进行双受精。一般绿豆授粉后 24～36 h 即完成受精，受精后子房迅速发育形成豆荚。子叶细胞充满胚腔，干物质开始积累，形成种子。子房从膨大到达到荚长、荚宽和荚厚最大值，一般需 10～15 d。绿豆开花与结荚无明显界限，所以统称花荚期。此期有限结荚习性株高达最高限度的 80%左右，无限结荚习性株高达最高值的 40%～50%
鼓粒灌浆期	绿豆荚内籽粒开始鼓起，到最大的体积与最大重量时期，称为鼓粒灌浆期，是决定绿豆产量高低的主要发育阶段。外界环境条件对绿豆的结荚数、每荚粒数和粒重以及产量有很大影响。如果条件得不到满足，就会出现大量的落花、落荚、败育、空荚及秕粒等现象。因此，应加强田间管理，及时灌水防旱，保持根系的吸水吸肥能力，提高和延长叶片的光合效率，以促进灌浆增加干物质产量。绿豆灌浆后期，籽粒含水量迅速下降，干物质达到最大值，籽粒呈现该品种固有色泽和体积，种皮不易被指甲掐破，摇荚有“哗哗”响声，即为成熟期

2. 绿豆对环境条件的要求

绿豆对环境条件的要求见表 2—2。

表 2—2　　绿豆对环境条件的要求

温度	绿豆是喜温作物，在 2℃时能够发芽，低于 14℃时发芽缓慢，30～40℃时发芽最快，最适发芽温度为 15～25℃。土壤温度稳定在 14℃以上时即可播种。绿豆幼苗对低温有一定的抵抗力。绿豆生长发育适温为 18～25℃，开花期 22～26℃为最佳。灌浆期对温度较为敏感，温度高，则提早成熟，产量降低；温度剧降或早霜，种子不能完全成熟，温度降至 0℃以下时，植株受冻死亡。绿豆全生育期需要有效积温 2 200～2 800℃，早熟品种 2 200℃左右，中熟品种 2 400℃左右，晚熟品种，2 500～2 800℃
光照	绿豆属短日照作物，只有满足一定的短日照条件，才能正常开花结实。日照越短，绿豆开花结实成熟越早，植株生长矮小；相反，日照越长，绿豆开花延迟，甚至霜前不能开花，枝叶徒长。但多数品种对日照要求不甚严格，不论春播、夏播或秋播均能收获种子，由于各品种长期适应于某种光照条件，改变播种期会影响籽粒产量，所以适于夏播的品种，最好不要在春秋播种，以免减产
水分	绿豆需水较多，每形成 1 g 干物质需要消耗 500～850 mL 水，即在全生育期需要的水分相当于 400～600 mm 降雨量。绿豆需水特点是幼苗期较少，花荚期最多，灌浆期次之。绿豆播种时要求土壤田间持水量在 70%以上；幼苗期则要求土壤含水量偏少，一般保持在 60%左右即可，这样有利于绿豆蹲苗，促进根系下扎和根瘤菌的繁殖，同时也利于中耕除草和间苗定苗。土壤过于干旱又会抑制根系生长，植株生长缓慢，叶小株黄，形成小老苗。绿豆开花结荚期是植株生活力最旺盛、生长发育最快时期，此期光合生产率高，耗水量最多，蒸腾强烈，需要充足的水分供应。花荚期一般降雨量较多，土壤应保持在田间持水量 80%以上。若水分亏缺，根系和茎叶则停止生长，花也发育不良，甚至会引起大量落花落荚。绿豆鼓粒灌浆期比较抗涝，但不耐淹，淹后引起花荚脱落，甚至全株死亡

续表

养分	绿豆的生长发育需要很多的氮、磷、钾和其他无硫盐类。氮是蛋白质、酶、叶绿素、激素等重要有机物的主要成分。绿豆缺氮时，引起代谢障碍，植株矮小，分枝少，叶片小，颜色黄，严重时植株早衰早亡。磷是植株细胞原生质膜和细胞核的重要成分，并参与脂肪和碳水化合物代谢、呼吸、光合和物质运输等代谢过程，不足时会影响细胞分裂增殖，抑制生长发育，叶色浓绿，植株矮化。钾在植物体内主要在代谢中起调节作用，缺钾叶边发黄，叶片皱缩，逐渐变成棕色枯死，茎秆韧度降低，易倒伏。因此，合理的、充足的氮、磷、钾养分供应，是实现绿豆高产稳产的重要物质基础。除此之外，绿豆还需要钙、镁、硫、铁、铜、钼等元素，其中除部分氮素靠根瘤菌供给外，其余元素需从土壤中吸收
土壤	绿豆耐瘠性强、适应性广，对土质要求不严，但以壤土、石灰性冲积土为宜，在红壤与黏壤土中亦能生长。最理想的是中性或弱碱性土壤，土层深厚，富含有机质，排水良好，保水力强。石灰性冲积土有利于根瘤菌的繁殖活动，对绿豆发育和获取高产有利

第三节 绿豆栽培技术

一、春播绿豆栽培技术

1. 轮作倒茬

绿豆是重要的肥田作物，北方多在小麦收获后种植，高海拔冷凉地区多与裸燕麦、马铃薯轮作。绿豆生长快，枝叶封垄早，能抑制杂草生长，保存土壤水分；绿豆有根瘤菌固氮，直接补充土壤中的氮素，大量残根落叶能丰富土壤有机质，改善土壤结构，提高土壤肥力。

绿豆和其他豆科作物一样忌连作重茬，农谚有“豆地年年调，产量年年高”的说法。所以，种绿豆要合理安排土地，实行轮作倒茬，这是解决重茬减产的根本措施。绿豆的轮作方式主要有以下四种：

（1）一年一作　绿豆—谷子、高粱或玉米。

（2）一年两作　小麦—绿豆；小麦—玉米。

（3）二年三作　小麦—绿豆—棉花—小麦—绿豆（谷子）。

（4）三年五作　小麦—绿豆—春红薯或春玉米—小麦—绿豆。

2. 种植方式

绿豆的种植方式有间种、套种、混种、复种和纯种。

（1）间种　绿豆对光照不敏感，较耐荫蔽，利用其株矮、根瘤菌固氮增肥特点，常与高秆作物间作，以光补肥和通风透光，有利于提高主栽作物的产量，也可一地两熟，达到既增收又养地的目的。

1）绿豆与玉米（高粱）间作　2行玉米、4行绿豆或2行绿豆、4行玉米，2行玉米（高粱）、2行绿豆。以玉米为主，增收绿豆；以绿豆为主，增收玉米。

2）绿豆与谷子间作　俗称“谷骑驴（绿）”。种法是1耧谷子，4行绿豆。绿豆、谷子都可增产10%左右。

3）芝麻绿豆相间　这种种植方式在河南、河北、山东、陕西一带广泛应用。种法是2行芝麻间种2行绿豆，或2行绿豆间种1行芝麻；若芝麻为主则4行芝麻1行绿豆，若绿豆为主则4行绿豆1行芝麻。

（2）套种　合理安排农作物套种，可充分利用地力、光能，抑制病害发生，减轻自然灾害，实现高产高效。绿豆的套种方式有：

1）绿豆套红薯　埂上栽红薯，沟内穴播或条播1行绿豆，可多收600～750 kg/hm^{2}绿豆，红薯不少收。

2）棉花套绿豆　宽行1.2 m种绿豆，窄行0.5 m种棉花。棉花、绿豆同期播种，在棉花花铃期绿豆已收获完毕。棉花套绿豆是抗灾避害、夺取粮棉双丰收的好形式。此种方式在山岗薄地更佳，同时也为棉田调换了茬口。我国黄淮和江淮棉区广泛采用这种形式。

（3）混种　一般在玉米或高粱行间或株间撒种绿豆或掩种绿豆。通常用于玉米、芝麻等主栽作物补缺，使缺苗主栽作物少减收。有些地区在瘠薄地利用绿豆茬养地的特性，将绿豆与其他作物混种。其方法是高粱与绿豆混种，绿豆保苗127 500株/hm^2，高粱留苗51 000株/hm^2，可收绿豆900 kg/hm^2，高粱5 400 kg/hm^{2}左右。

（4）复种　复种主要是在多熟地区，利用麦类或其他下茬作物种植绿豆，实行一地多收，提高土地利用率。其种植方式有油菜—绿豆、大麦—绿豆、小麦—绿豆等。

（5）纯种　即一年种一季绿豆。纯种绿豆省工，管理方便，便于调节茬口，单产较高。近几年，利用绿豆耐瘠耐旱特点，在一些旱薄地、水肥条件较差的地块种植面积发展较快。

3. 耕整土地

耕整土地是夺取绿豆高产的一项重要措施。经过精细整地的土壤具有提高播种质量，利于培育壮苗，减轻杂草和病虫危害，蓄水防旱等优点。

（1）春播绿豆多在土层薄、结构差、肥力低的沙薄地、岗坡地上种植，要早秋深耕，加厚活土层。

（2）结合深耕，增施农家肥料，增补土壤耕层有机质，促进土壤熟化，增强通气、透水性能。

（3）早春顶凌耙地。播种前浅耕耙耱，适度平整。稻茬绿豆收稻后应作畦开沟排水，趁土壤干湿适度时进行翻耕整地。套种绿豆无法进行整地，应加强中耕管理。夏播绿豆在收麦前要浇麦黄水，收麦后及早整地，翻地松土，粗犁细耙，掩肥灭茬，然后耙平播种。

4. 适时播种

适时高质量播种是高产的基础，提高播种质量应抓好以下四项工作：

（1）种子处理　根据当地气候、土质、肥水条件和栽培制度选用对路的优良品种，为提高种子纯净度和发芽率，可采用如下方法对种子进行处理：

1）选种　利用风选、水选和人工挑选的办法，清除秕粒、小粒、杂粒、草籽等，选留干净的大粒种子播种。

2）晒种　晒种可增强种子活力，提高发芽率，利于种子出苗快、出苗齐。方法是选择晴天中午，将种子薄薄地摊在席上，翻晒 1～2 d 即可。

3）萘乙酸浸种　用 40 mg/L 萘乙酸溶液浸种 6 h，捞出晾干播种，可使绿豆早出苗，并能增强其抗旱、抗盐能力。

4）赤霉素浸种　用 20 mg/L 浓度的赤霉素溶液处理绿豆种子 12 h，能加速发芽，提高出苗率。

5）接种根瘤菌　接种方式有土壤接种和种子接种。土壤接种是采用上年绿豆地表土适量，均匀撒于绿豆新种植地。种子接种是在播种前将菌肥或捣碎的根瘤菌加水调成菌液，慢慢倒在种子上。也可在种子上洒少量水，将菌剂撒于湿种子上拌匀，随拌随用。根瘤菌不要与化肥、杀菌剂同时使用。常用固氮菌品种每克固体菌剂含根瘤菌 3 亿个，用量 1 875 g/hm^2；每克固体菌肥含根瘤菌 1.5 亿个，用量为 3 750 g/hm^2。

（2）选定播期　一般 5 cm 处地温稳定在 14℃即可播种。南方适播期长，春播在 3 月中旬至 4 月下旬，夏播在 6 月至 7 月之间。北方适播期短，一年一作春播区从 5 月初至 5 月底；夏播区在 6 月上、中旬，前茬收后应尽量早播。个别地区最晚可延至 8 月初播种。

（3）播种方法　绿豆播种方法常见的有条播、穴播和撒播，以条播为多，间作套种和零星种植的多为穴播，每穴 4～5 粒，行距 60 cm，穴距 15 cm。撒播要防止稀稠不匀。播种深度因土质、墒情而定，一般在黏土和湿墒地播种应浅些，以 3～4 cm 为宜，在疏松土壤和缺水地播深可增至 4～5 cm。

（4）播种量　播种量要根据品种特性、气候条件和土壤肥力等条件确定。整地质量好，种粒小的播量要少些；反之，可适当增加播量。绿豆子叶拱土能力弱，在黏重土壤上要适当加大播种量 22.5～30 kg/hm^2。间作套种地用种量应根据套种行数而定。

5. 科学施肥

结合绿豆种植区的土壤肥力、气候条件、耕作制度等情况，在施肥技术上应掌握如下原则：以有机肥料为主，有机肥与无机肥结合；增施农家肥料，合理施用化肥；在化肥的使用上掌握以磷为主，磷氮配合，重施磷肥，控制氮肥，以磷增氮，以氮增产；在施肥方式上应掌握基肥为主，追肥为辅，有条件的进行叶面喷肥。此外，肥地应重施磷钾肥，薄地应重施氮磷肥。具体施肥技术如下：

（1）基肥　绿豆的基肥以农家肥料为主。农家肥料包括厩肥、堆肥、饼肥、人粪尿、草木灰等。

基肥的施用方法有四种，一是利用前茬肥；二是底肥，犁地以前撒施掩底；三是口肥，犁后耙前撒施耙入地表 10 cm 土层内；四是种肥，播种时开沟条施。

（2）追肥　绿豆追肥时间和方法应根据绿豆的营养特性、土壤肥力、基肥和种肥施用情况以及气候条件来确定，绿豆追肥一般在苗期和花期进行。

1）苗肥　在地力较差、不施基肥和种肥的山岗薄地，应在绿豆苗期抓紧追施磷肥和氮肥。时间掌握在绿豆展开第二片真叶时，结合中耕，开沟浅施，施尿素 75～150 kg/hm^{2}或复合肥 10～15 kg/hm^2。

2）花肥　绿豆花荚期需肥最多，此时追肥有明显的增产效果。氮肥施用量以 75～120 kg/hm^2 尿素为适宜。肥料可在培土前撒施行间，随施随串沟培土覆盖，或开沟浅施。

（3）叶面喷肥　在绿豆开花结荚期叶面喷肥，具有成本低、增产显著等优点，是一项经济有效的增产措施。方法是：在绿豆开花盛期，喷洒专用肥，第一批熟荚采摘后，再喷 15 kg/hm^2 2％的尿素加 0.3％的磷酸二氢钾溶液，可以防止植株早衰，延长花荚期，结荚多，籽粒饱满，可增产 10％～15％。在花荚期叶面喷洒 0.05％的钼酸铵、硫酸锌等微量元素，一般可增产 7％～14％。

6. 合理密植

合理密植是夺取绿豆高产的重要因素。绿豆适宜的种植密度应根据品种、播期、水肥条件、管理水平等因地制宜地确定。其一般原则是：直立、主茎结荚为主的品种，密度可适当大些；蔓生、半蔓生和以分枝结荚为主的品种，密度可小些；早熟品种，可适当密些，晚熟品种，可稀些；植株高大的品种，密度应小些；植株矮小，生长不繁茂的品种，密度应大些。即使用同一品种，早播的生育期长，营养体繁茂种植密度宜稀，播种晚的则密。肥地种植宜稀，薄地种植宜密。雨水充沛的年份，种植宜稀，雨水少的年份，种植宜密。在间作条件下，应比纯种的绿豆密些。

7. 田间管理

绿豆田间管理的中心任务是：从当时、当地的具体条件出发，采取促控结合的管理措施，培育绿豆的丰产长相。主要抓好间苗定苗，中耕除草和打顶摘心等措施。

（1）间苗、定苗　间苗和定苗是保证绿豆匀苗、壮苗，实现合理密植的切实有效措施。通过间苗定苗，不仅可以使植株分布均匀，单株得到均衡的发展，有利于个体和群体的生长发育，而且可以按品种、播期、地力留苗，确保密植的合理性。间苗宜早进行，晚间苗会影响单株发育。一般应在第一片复叶展开前适当间苗，并做到去小留大，去杂留纯，去弱留强。第二片复叶展开后进行定苗，按确定密度均匀留苗，同时查苗补苗，实现苗全苗壮。

（2）中耕除草　中耕除草是培育壮苗的重要措施。第一次中耕可在绿豆第一片复叶展开时结合间苗进行。为了消灭初生的大量小杂草，第一次中耕的深度宜浅，浅锄有利于太阳晒死杂草。定苗后进行第二次中耕，分枝期进行第三次中耕，并进行封根培土。中耕应进行到封垄为止，深度掌握浅—深—浅的原则。如绿豆与玉米、高粱间作时，则可随着主作物进行中耕除草。

（3）打顶摘心　绿豆打顶摘心是利用破坏顶端优势的生长规律，把光合产物由主要用于营养生长转变为主要用于生殖生长，增加经济产量。据试验，绿豆在高肥水条件下进行人工打顶，可控制植株徒长，降低植株高度，增加分枝数和有效结荚数，但在旱薄地上不宜推广打顶措施。

8. 灌溉与排涝

绿豆产量的高低与水分供应条件有密切的关系，掌握绿豆的需水规律，结合气候特点，因地制宜地进行合理灌溉，并注意排涝，确保绿豆的增产增收。

根据绿豆的需水规律，绿豆播前、苗期、花荚期、鼓粒前期、鼓粒后期的供水规律应该是湿、干、多湿、多湿、干。根据当年的降雨情况和其他相应的措施、条件，可重点浇好造墒水、花荚水、鼓粒水。上述水分可以起到足墒播种、促分枝、增花、保荚、增粒重的作用。

(1) 造墒水　播种前土壤湿度达不到65%～70%，就要浇水造墒，这次水是实现足墒播种、夺壮苗、创高产的关键水。夏播绿豆，可结合浇麦黄水造墒，麦收后立即播种。

(2) 花荚水　绿豆开花期是需水临界期，花荚期是需水高峰期。此期灌水有增花、保荚、增粒等作用。据试验，当土壤最大持水量为30%时，开花期浇水可增产32.7%，推迟至结荚期浇水，仅增产18.9%，如开花和结荚两期都浇水，比不灌水的增产62.3%。

(3) 鼓粒水　绿豆鼓粒前期是生殖生长旺盛期，也是绿豆干物质形成最多的时期。这个时候如能及时浇水防旱，对增加粒重、提高产量、改进品质作用很大。

绿豆苗期和鼓粒后期需水量不多，要求土壤相对干旱一些为好，所以不宜浇水。从苗期发育来看，主根下扎，侧根数量增加很快，根瘤开始形成，复叶接连出现，根部吸水、吸肥能力逐渐增强。对现有良种采用合理控制土壤水分来促进增根，有利于茎中组织致密充实，有利于根系发育和下扎，为以后生育建立稳固的根基和支柱，不但锻炼了抗旱性，同时有利于抗倒伏。绿豆鼓粒后期，种子全部形成，进入黄熟阶段，光合作用不再进行，此时减少土壤水分可以促进黄荚早熟，有利于及时收获。

绿豆的灌水是否适时，还要依据具体情况而定。绿豆长相、植株的生长状态和体内含水多少，可作为是否灌水的依据之一。绿豆长得慢，叶片老绿，中午叶片有萎蔫现象，即为缺水表现，应及时浇水；当绿豆生长迅速，枝叶柔嫩，颜色鲜绿时，多半是水分过多而引起的徒长，应控制灌水；若雨量过大，应切实搞好排水，防渍防涝。也可依据降雨情况，结合天气预报进行合理灌溉，做到久晴无雨速灌，将要下雨不灌，晴雨不定早灌。土壤情况、土质地势不同，灌水次数也有区别，沙性大、蓄水保肥差的地块，绿豆易旱，应轻灌、勤灌，而低洼易涝地、排水不良的土质，雨季则应注意排水。结构良好、有机质多、保水力好的土壤，灌水次数和灌水量不可过多。

9. 收获与储藏

(1) 收获　绿豆开花结荚是按由下向上的顺序进行，荚果也是自下向上渐次成熟，成熟期参差不齐。收获过早，荚果成熟度差；过晚易炸荚落粒，造成减产。一般应在荚果外部开始由绿色变成黑褐色，个别荚果已开始开裂时，开始收摘，共摘收3次。种植面积较大时常需一次收获，应以绿豆全田植株荚果的2/3变成褐黑色时为适收期。应在早晨或傍晚收获，避免在中午高温时收获，以减少炸荚落粒。采收的豆荚经晒干、脱粒、清选后即可入仓储藏。

（2）储藏　绿豆在储藏期间一定要严格把握湿度，入库种子的水分要控制在13%以下，否则有可能因湿度太大引起霉烂变质，失去发芽能力。

储藏的方法很多，有袋装法、囤存法、散装法。不论采用哪种方法，都应做好保管工作，经常检查种子温度、湿度和虫害情况。如果种子湿度太大，应搬出晾晒，降低水分。

二、夏播绿豆栽培技术

1. 播种技术

（1）选种　选择优良品种是增产的内因。目前，我国北方种植面积最大的品种是中绿1号，该品种高产、优质、抗逆和商品“四性”兼优，籽粒大、绿、明。株型紧凑，抗倒伏，结荚集中上举，不炸角。适合多种豆制品的加工，符合国际市场要求标准，是发展绿豆商品生产、出口创汇的一个理想品种。

（2）种子处理　绿豆种子中常有部分个头小、颜色较暗、种皮粗糙、组织坚实、吸水力差的籽粒，约占10%，难以出苗，这种籽粒最好挑出去不用。对量大的种子，应浸泡一昼夜后播种；也可将种子放在簸箩里摊一薄层，用新砖来回摩擦，摩破种皮，这种处理可促进种子吸收水分，提早出苗。

（3）播种期　绿豆夏播适播期为5月中旬至6月中旬。食用绿豆应在适播期内提早播种，提高产量。若作绿肥，播期可延至8月上旬。

（4）播种方法和播种量　绿豆籽粒较小，播种量以30 kg/hm^{2}左右为宜。播种方法多采用开沟条播，播深以3～5 cm为宜，一般行距30～50 cm，株距13～15 cm。早熟品种或株型紧凑品种种植密度以120 000～150 000株/hm^{2}为宜；晚熟品种或茎叶繁茂的品种以90 000～120 000株/hm^{2}为宜。早播的可稀些，晚播的可密些，饲用或肥用的应密些。

2. 田间管理

（1）间苗、定苗和中耕除草　绿豆在长出1～2片真叶时应进行间苗，2～3片真叶时定苗。为消除草荒，在封垄前一般应中耕除草2～3次。

（2）施肥　施肥原则是重视种肥，看苗追肥，花荚期叶面喷肥。绿豆一般不施基肥，宜在前作物多施有机肥。种肥很重要，以磷肥、钾肥为主，一般多用土灰粪和草木灰，拌适量过磷酸钙做种肥，在播种时开沟条施或用于盖种。一般肥力土壤上，在苗期2～3片真叶时，可追施复合肥7～10 kg。花荚期为保花增荚，可叶面追肥1～2次。用1%～2%的过磷酸钙浸出液或0.2%磷酸二氢钾进行叶面喷施，每次喷液600～750 kg/hm^2。

（3）防渍防旱　绿豆苗期怕渍，应注意排水。花荚期遇旱，应及时灌溉，实现增荚增粒。

3. 适期收获

绿豆在豆荚变黑、籽粒硬化时即可收获。由于不同部位的豆荚成熟不一致，所以易裂荚的品种应分批采收，不裂荚的品种，当全田豆荚有2/3以上变黑时，应一次收获。种子收获后，要及时脱粒、晒干、扬净。为防止豆象为害，有条件的最好对入库的种子进行药剂熏蒸。

知识链接——绿豆优良品种

1. 中绿1号

该品种系中国农科院品种资源研究所从国外引入，一般产量1 500 kg/hm²，最高产量达3 450 kg/hm²。

该品种属早熟品种，全生育期65～70 d。植株直立紧凑，茎秆粗壮，株高50～55 cm，主茎叶腋分生3～5个分枝，叶色浓绿，上有茸毛。结荚集中上举，主茎12～14节，每节结荚4～7个。荚长12～13 cm，每荚有种子12～15粒，荚宽扁、弓形，成熟后呈黑色。种籽粒大，碧绿晶莹，白脐，符合出口标准。单株产量8～30 g，百粒重7.7 g以上。抗叶斑病，不早衰，生产性能好，蛋白质含量24.5%，淀粉含量55.4%。

中绿1号适于夏播，留苗120 000～180 000株/hm²。注意浇水、施肥和病虫防治。

2. 鹦哥绿豆

该品种是河南省原阳县传统名优出口产品，畅销国内外，经久不衰。该品种生豆芽最佳，也可用于食品加工或食用，而且价格较高，种植绿豆比种植其他粮食作物经济效益要高，故近年发展很快。一般产量1 500 kg/hm²左右，高者可达2 250 kg/hm²以上。

该品种属中晚熟品种，生育期90 d左右。株高60 cm左右，分枝3～4个，无限结荚习性，生长整齐一致。单株荚45个左右，荚长约12.2 cm，荚粒数12粒以上。籽粒圆柱形，翠绿有光泽，百粒重5.2 g。抗旱耐瘠薄，较抗病毒病。籽粒含蛋白质23.9%，淀粉40.78%，脂肪1.27%，并含有多种维生素和人体所必需的矿物质等营养成分。

该品种适应性强，对土壤要求不严格，忌重茬。播种适期较长，春夏播均可。播量15～22.5 kg/hm²，播深3～5 cm，留苗150 000株/hm²左右。播前结合整地施足底肥，施农家肥30 000 kg/hm²，如再加入过磷酸钙30～40 kg/hm²，效果更佳。封垄前中耕2～3次，以便除草松土，开花结荚期要有充足的土壤水分。生育期间注意病虫防治。收获时以分次采荚收获为好。

3. 龙绿豆1号

该品种系黑龙江农科院品种资源室以小粒绿豆为材料，用钴60γ射线10 000伦琴照射干种，经系统选育而成。

该品种生育期94 d，需活动积温2 037.7℃。株高67.2 cm，茎色绿，分枝数平均1.8个，叶色绿，花灰黄，每株荚数12.3个。荚色深棕色，每荚粒数8～10粒。籽粒长椭圆形，种皮褐色，有光泽，脐色灰白，粒大，百粒重6.1 g，含脂肪0.85%，粗蛋白22.68%。秆强壮，抗倒伏，抗病虫。

栽培要点：龙绿豆1号适于黑龙江省牡丹江地区的海林、东宁、宁安、穆棱等县种植，5月中旬播种，密度225 000株/hm^2。适于较肥沃土壤种植，播种时可施磷酸二铵150 kg/hm^2种肥。

4. 绿丰4号

绿丰4号系黑龙江省农科院嫩江农科所通过品种间杂交选育而成的优质、高产绿豆新品种。

该品种全生育期98 d，为中熟品种，要求有效积温2 350～2 400℃。该品种苗、植株均为绿色，正常条件下株高60～65 cm，植株基本直立，成熟后荚黑褐色，荚长10～12 cm，大粒，百粒重为6.5 g左右。种皮有光，鲜绿。籽粒蛋白质含量22.88%，具有较好的商品、食用价值。成熟一致，荚不落不炸。喜温光，要求有中等或较高肥力的土壤条件，既抗旱又较耐湿，因此是适应性较强的品种。

栽培要点：选择的前茬为禾本科作物，肥力较高的伏秋翻地，在起垄的同时一次施入腐熟的农家肥15 000 kg/hm^2。绿豆对温光反应非常敏感，易受低温危害。播期5月20日左右，最好选晴天播种，垄上豁沟，同时深施肥，施磷酸二铵150～225 kg/hm^2和硫酸钾5～10 kg/hm^2做底肥，以利提早成熟。播种量22.5 kg/hm^2左右。播后覆土3～4 cm，稍晾后或第2天镇压、保墒，争取一次保全苗。保证密度精细管理。因此，当幼苗拉开十字时结合定苗进行第1次铲耥，保苗180 000～195 000株/hm^2。苗期进行第2次铆草，铆后及时培土。开花前，结合追肥进行第3次铲耥培垄土。7月下旬若发现蚜虫，及时喷乐果防治。适时采收，随收随脱粒。

第四节　绿豆病虫害防治

一、绿豆病害防治

绿豆的主要病害有轮纹病、菌核病、锈病、细菌性疫病、炭疽病和菟丝子。

1. 绿豆细菌性疫病

(1) 症状　该病从幼苗期到成株期均可发生，主要危害叶片、茎蔓、豆荚和种子。病苗子叶呈红褐色溃疡状，茎基部病斑绕茎一周，呈红褐色溃疡状，使幼苗折断而死。成株叶片开始从叶尖或叶缘发病，由暗绿色油渍状小点扩展为不规则形褐色或黑色斑，病斑周围有黄色晕环，变薄后呈半透明状。严重时病斑连片，全叶黑枯。嫩叶受害扭歪畸形。豆荚病斑呈褐色圆形，稍凹陷。湿度大时在病部溢出淡黄色菌脓。

（2）病原　绿豆疫病菌属于黄单胞杆菌属细菌。菌体杆状，端生一根鞭毛，有荚膜，革兰氏染色阴性，在 PDA 培养基上菌落为圆形、黄色。病菌发育最适温度为 30℃，最高 38℃，致死温度为 50℃浸泡 10 min。最适 pH 值为 7.3。寄主有菜豆、豇豆、绿豆、小豆、扁豆等。

（3）发病规律　病菌主要在种子内和病残体内越冬。感病种子长出子叶和生长点产生的菌脓，和病残体内的细菌均可借风、雨、昆虫等传播，细菌从寄主的水孔、气孔及伤口侵入，2～5 d 后显症，进行多次再侵染。

高温多湿、雾大露重及暴风雨后等条件下发病率最高。播种太早、太深、密度大、肥料不足和田间管理粗放等地块发病重。

（4）防治方法　①实行 3 年以上轮作。②从无病田或无病株上留种。③种子处理。用 45℃恒温水浸种 15 min，捞出用冷水冷却，晒干；或用硫酸链霉素 500 倍液浸种 24 h。④加强栽培管理。适期播种，播深不超过 5 cm，密度不要过大。⑤生物防治。喷硫酸链霉素 4 000 倍液或新植霉素 4 000 倍液。⑥化学防治。发病初期喷洒 72%杜邦克露可湿性粉剂 800 倍液或 12%绿乳铜乳油 600 倍液，每隔 7～10 d 喷 1 次，连续喷洒 2～3 次。

2. 绿豆炭疽病

（1）症状　在整个生育期均可发病，危害叶、茎、荚和粒。幼苗子叶产生红褐色或黑色圆斑，凹陷成溃疡状，严重枯死。成株叶片产生多角形小条斑，初为红褐色，后变为黑色，严重病斑裂开或穿孔，叶畸形萎缩而枯死。柄和茎产生褐锈色条斑，凹陷，龟裂。荚产生黑褐色圆形或长圆形斑，稍凹陷，边缘有深红色晕环，湿度大时，溢出粉红色黏稠物。种子上病斑为黄褐色或黑褐色不定形凹陷斑。

（2）病原　绿豆炭疽病菌属半知菌亚门，黑盘孢目，豆刺盘孢属真菌。分生孢子盘黑色，初生寄主表皮下，后期破表皮露出，圆形或近圆形。盘上密生分生孢子梗、分生孢子和散生黑褐色、针状刚毛。分生孢子梗无色，单胞，短杆状。孢子无色，单胞，圆形或卵圆形，两端较圆或一端稍狭，孢子内含 1～2 个透明的油滴。病菌生育温度 6～30℃。寄主有菜豆（芸豆）、豇豆、绿豆、豌豆、扁豆、蚕豆等。

（3）发病规律　病菌主要以休眠菌丝在病残体内或潜伏于种子内和附在种子上越冬，直接危害子叶和幼茎。分生孢子借风雨、流水、昆虫传播。病菌从寄主表皮直接侵入或从伤口侵入，潜育期 4～7 d。

发病最适温度为 17℃，相对湿度为 100%；温度高于 27℃，湿度低于 92%，很少发病；低于 13℃病害停止发生。此外，地势低洼、土壤黏重、连作、种植过密和多雨、多雾、多露等冷凉多湿天气发病重。

（4）防治方法　①实行 3 年以上轮作。②从无病田或无病株上留种并进行选粒。③种子处理。用50%多菌灵或50%福美双可湿性粉剂按种子重的0.4%拌种。④加强栽培管理。适期播种，以10 cm地温在10℃以上播种为宜。播深不超过5 cm，密度不要过大。⑤生物防治。发病初期喷洒2%农抗120水剂200倍液，或1%农抗武夷菌素水剂200倍液，每隔5～7 d喷1次，连续喷洒2～3次。⑥化学防治。喷洒75%百菌清或70%甲基硫菌灵或50%多菌灵可湿性粉剂，以1.5 kg/hm^{2}为宜，每隔5～7 d喷1次，连续喷洒2～3次。

3. 菟丝子

菟丝子可危害多种植物，造成不同程度减产。

(1) 症状　菟丝子是一种全寄生性种子植物，不生根和叶片退化，仅有黄色纤细的茎，缠绕在豆茎上，以吸盘伸入茎内吸收营养和水分，使豆株生长不良，表现黄化、瘦弱，叶被缠绕不能展开，茎被缠绕使分枝间接近，不能向外伸展。从而，影响植株正常结实以至于不能结实。

(2) 病原　我国主要有中国菟丝子和欧洲菟丝子。东北地区主要是中国菟丝子。菟丝子为一年生寄生性种子植物，属旋花科菟丝子亚科菟丝子属植物。

(3) 发病规律　在土深1 cm以内越冬后的菟丝子种子，春季遇到适宜的土壤温度、湿度条件，即可陆续发芽。幼苗浅黄线状，尖端旋转寻找寄主。缠上寄主后，在接触部位产生吸器穿入寄主组织，然后基部枯断，开始全寄生生活。菟丝子出苗后10 d未遇到寄主就自行死亡。每株菟丝子可缠绕多个豆株。每株菟丝子在秋季可结几千粒种子。

(4) 防治方法　①严格实行检疫。②清选种子，清除菟丝子种球和种子。③实行轮作与深翻。④早期拔出病株。⑤药剂防治。用48%地乐胺乳油3.0 L/hm^2，兑水喷雾。使用方法为播前土壤施药，随喷随混土，混土5～7 cm，或播后苗前土壤施药，然后浅混土2～3 cm。如果点片发生，可用48%地乐胺乳油150～200倍液，人工喷雾于被寄生的豆株上，或地面喷药1～2.5 L/hm^2。

二、绿豆虫害防治

主要绿豆害虫是豆蚜（防治方法见小豆）和绿豆象等。

幼苗期主要有地老虎为害，可用50%辛硫磷乳油拌种，用量为种子重量的0.2%～0.3%，拌后堆闷4～8 h。中期有豆蚜、红蜘蛛为害，用5%西维因粉剂或2%扑灭威粉剂喷粉，以22.5～30 kg/hm^{2}为宜，或用50%抗蚜威粉剂90～120 g兑水，喷雾防蚜虫以450～900 kg/hm^{2}为宜。花荚期有豆荚螟和豆象为害，可用50%杀螟松1 000倍液，用药量1 125 kg/hm^2，于卵孵化盛期前喷于豆荚上，毒杀成虫及幼虫。

绿豆象属于鞘翅目、豆象科储藏期害虫。此虫除主要为害绿豆外，还可为害小豆、豇豆、菜豆、扁豆等，其次为豌豆，再次为蚕豆，不喜吃大豆。

1. 危害

以幼虫钻入豆粒取食，可将豆粒蛀食一空，仅剩表皮，损失严重。

2. 形态特征

幼虫体长约 3.5 mm，乳白色。体形粗肥，两端向腹面弯曲。

3. 生活史及习性

在东北地区一年发生 4～5 代，以幼虫在豆荚内越冬，第二年春越冬幼虫在豆荚内化蛹和羽化，成虫不久即从豆荚内飞出。成虫擅飞翔，交尾后，雌虫便产卵在豆粒上，每粒豆上可产卵 3～5 粒，幼虫孵化后即钻入豆粒内取食。在仓库内繁殖 2～3 代后部分成虫飞回豆田，在新鲜豆荚上产卵，每荚可产卵 4～5 粒。在田间繁殖 1～2 代后，幼虫又随收获的豆粒返回仓库内，继续为害，或者成虫直接飞回仓库内为害，直到越冬。

成虫有假死性与趋光性。此虫生长适宜温度为 29.5～32.5℃，相对湿度为 68%～95%，在 31℃及相对湿度 68%～79%条件下发育最快。

4. 防治方法

由于此虫属仓库害虫，所以主要在仓库内防治。

（1）隔离防治　用面袋密封保存豆粒或在豆堆表面压盖 15 cm 厚的草木灰，以阻止成虫在豆粒上产卵。

（2）药剂熏蒸处理　每吨需磷化铝片剂 5～10 片，室温在 25℃可熏蒸 12～15 h，15℃以下需熏蒸 5～6 d。也可把 200 kg 绿豆种子放入密闭容器内，用 56%的磷化铝 3.3 g（1 片）熏蒸 3 d 后，晾 4 d，备用。

（3）田间防治　经常观察虫情动态，在田间发现成虫出现盛期，可往绿豆株上喷施敌百虫或马拉硫磷等磷制剂，也可喷施来福灵、敌杀死等拟除虫菊脂杀虫剂。

（4）开水浸泡　将有虫绿豆装入篮子中，放入开水中浸泡 25～28 s 后迅速移入冷水冷却，晾干后备用。

思考与练习

1. 绿豆具有哪些营养与应用价值？
2. 绿豆对环境条件有哪些要求？
3. 绿豆的种植方式有哪几种？
4. 绿豆种子的处理方式有哪几种？
5. 播种绿豆时应注意哪些事项？
6. 绿豆的常见病虫草害有哪几种？

第三章 亚 麻

学习目标：

◆通过学习理解掌握亚麻的类型与理化性质

◆掌握亚麻的形态特征与生物学特征

◆掌握亚麻的栽培技术及病虫草害防治方法

第一节 概 述

亚麻属亚麻科亚麻属一年生草本植物，有纤维用型、油用型与纤油兼用型之分。亚麻在我国栽培历史悠久，是我国主要的经济作物，纤维用亚麻也是我国的主要工业原料。亚麻起源于近东、地中海沿岸，在我国主要分布在黑龙江和吉林两省。亚麻喜凉爽、湿润的气候。亚麻纤维具有拉力强、柔软、细度好、导电弱、吸水散水快、膨胀率大等特点，可纺高支纱，制高级衣料。

一、亚麻的理化性质

世界上栽培亚麻的国家主要有俄罗斯、乌克兰、波兰、法国、荷兰、比利时、中国、埃及等 20 多个国家。在我国种植面积约为 9.6 万 hm^2，原茎产量 2 228 kg/hm^2。黑龙江省是亚麻主产区，占全国种植面积的 90％以上，新疆、湖南、内蒙古、吉林、贵州等省（自治区）都有栽培。

亚麻纤维是纺织工业的重要原料之一，适合制作帆布、传送带、室内饰布及工艺刺绣品。加工后短纤维可与毛、丝、棉花、化纤等混纺麻纱。麻屑可加工纤维板、造纸、做填充材料等，亚麻籽含油 30％～45％，是我国西北人民的主要食用油之一。其品质和经济价值可与苎麻纤维相媲美，优于其他麻类，并具有化学纤维不可代替的一些理化性状。

1. 物理性质

（1）强度大　亚麻纤维由又细又长的单纤维束集合而成，强力大，有天然弯曲度，其强力是棉纤维的 1.5 倍，是绢丝的 1.6 倍。

（2）吸湿散湿快　在各种纤维中，亚麻纤维的吸湿速度最快，同时水分的散发速度也最快，亚麻毛巾、药布洗涤后很容易干燥。

（3）耐热性强　亚麻纤维是热的良导体。亚麻布触感凉爽，可以迅速地将热量向外传导。

（4）伸缩性小　亚麻线、亚麻布的伸缩性小，不易拉断。在加大压力的条件下，也不易沿经纬线产生裂缝。

（5）导电性小　亚麻纤维的导电性小，并且紫外线穿透性大，宜做电器包皮、电灯线外皮等。

2. 化学性质

亚麻纤维的化学性质决定其物理性质。据化学分析，亚麻纤维中的主要成分是纤维素，占 70%～80%，半纤维素占 12%～15%，木质素占 4%～7%，另外，亚麻纤维中还含有少量的果胶、蜡质和脂肪。

二、亚麻的类型

亚麻根据用途和形态特征可分为纤维用型、油用型和油纤兼用型。

1. 纤维用型

纤维用亚麻是一年生、长日照植物，主要分布于黑龙江、吉林等省。生育期 70～80 d，株高 70～100 cm，茎秆光滑并附有蜡质，茎中部直径 1～2 mm，一般只有一个主茎。突出特点是基部不分枝，只是梢部有 3～5 个分枝，每个分枝结蒴果 1～3 个。亚麻收获后经脱粒的植株叫原茎，原茎纤维含量的多少叫出麻率，一般出麻率为 20%～30%。原茎是亚麻最有经济价值的部分。亚麻的蒴果和种子比较少，种子千粒重在 3.5～5.5 g。花色因品种而异，有蓝色、浅蓝色、蓝紫色或白色，少数是红色的。目前栽培的蓝花品种有黑亚号和部分双亚号品种，而荷兰的飞布波乐 9 号、双亚 3 号为白花品种，延边 582 为紫花品种。

2. 油用型

油用亚麻（胡麻）原茎的工艺长度在 40 cm 以下，一般株高 30～50 cm，种子千粒重 8 g 以上，适于短日照。生育期 80～100 d，茎基部多分枝，每株最多可结 100 多个蒴果。主要分布于西北、华北地区。其栽培品种有：大桃胡麻、宁亚 1 号、陇区 6 号、西伯利亚红胡麻、喀什 7331、青海矮秆等。可产种子 750 kg/hm^2 以上，种子含油率 40%～45%。

3. 油纤兼用型

油纤兼用型亚麻属一年生、长日照植物，生育期 100 d 左右。一般株高 50～80 cm，原茎工艺长度 40～60 cm，种子千粒重 7～8 g，茎部有时出现分枝。花序比纤维用亚麻发达，结有较多蒴果。主要特征特性居油用及纤维用类型之间，种子产量高于纤维用亚麻。主要分布于西北、华北地区。目前栽培的主要品种有 160 多个，其中有坝上 499、坝亚 1 号、坝亚

2号、张北白胡麻、晋亚3号、小胡麻、匈牙利3号、蒙选土号、宁亚6号、甘亚3号等。

第二节　亚麻栽培生物学基础

一、亚麻的形态特征

亚麻的形态如图3—1所示。

1. 根

亚麻属直根系植物，由主根和侧根组成。主根细长略呈波状，侧根短小细弱。主根入土达100～150 cm，侧根分布于5～15 cm的耕层内。由于根系弱，入土较浅，吸收能力弱，所以不抗旱、易倒伏。

2. 茎

纤维用亚麻的茎呈圆柱形，浅绿色，成熟时呈黄色，表面光滑并被有蜡质。基部无分枝，梢部有3～5个分枝。茎长70～130 cm，茎中部直径1～2 mm。茎的粗细因种植密度而异，稀植时茎较粗，但纤维率低，纤维品质差；密植时茎过细，毛麻增多，纤维率虽有所提高，但纤维强度小。

亚麻茎的长度，除按株高衡量外，还测量工艺长度。株高，指子叶痕到植株顶端的长度；工艺长度，指子叶痕到植株上部第一分枝着生处之间的长度，这部分是能获得优质长纤维，具有工艺价值的部分。亚麻茎各部位的纤维含量不同，茎基部的纤维含量约占该部分重量的12%，中部约为35%，上部为28%～30%。因此，麻茎越长，茎中部所占的比例越大，出麻率越高，纤维品质也越好。

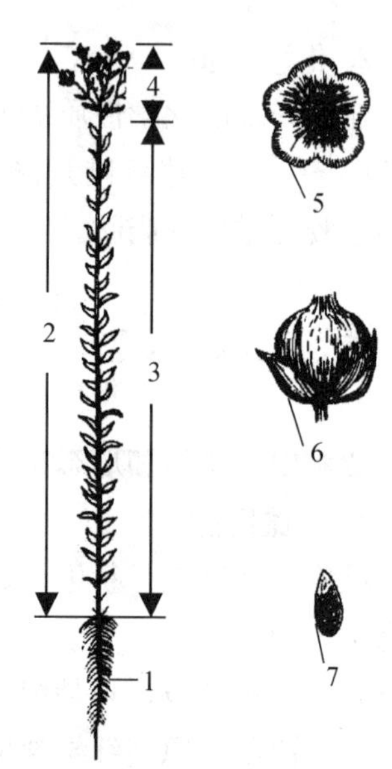

图3—1　亚麻
1—根　2—株高　3—工艺长度
4—花序　5—花　6—蒴果　7—种子

3. 叶

叶全绿色、互生，无叶柄和托叶。种子萌发后出土形成的一对子叶呈椭圆形。茎的不同部位所着生的叶形和大小均有不同。下部的叶较小，互生，呈匙状；中部的叶片较大，呈纺锤形；上部的叶细长，呈披针形。叶片稠密地分布于茎上，呈螺旋状排列。一株纤维亚麻的茎上着生50～120片叶，叶长1.5～3 cm，宽0.25～0.84 cm。

4. 花

花序为总状复伞形，着生于茎的顶端。花呈漏斗状或圆碟状，有蓝色、浅蓝色、蓝紫色、白色，少数呈红色。花有花萼、花瓣、雄蕊各5枚，雌蕊1枚。柱头5裂，浅蓝色。子房呈球形，5室，每室有两个胚珠，受精后发育成种子。亚麻是自花授粉作物，天然杂交率只有1%。

5. 果实和种子

纤维用亚麻的果实为蒴果，成熟时呈黄褐色，桃形，内被隔膜分为5室。在正常发育的条件下，每室内有两粒种子，共结10粒种子。种子呈扇椭圆形，前端稍尖，且有弯曲，似鸟嘴状。种子有棕色、褐色、深褐色，少数呈金黄色或白色，表面有光泽。种子大小及重量，因品种和栽培条件不同而异。一般种子长3.2～4.8 mm，宽1.5～2.8 mm，厚0.5～1.2 mm，千粒重3.5～5.5 g。

亚麻种子由种皮、胚乳和胚构成。种皮的表皮层内含有果胶质，吸水性强，遇水时易引起种子发黏成团，失去光泽，甚至变黑发霉。种皮下面的胚乳层，是胚生长时的养料。种子的中心是胚，由两片子叶、胚芽、胚根组成。

二、亚麻的生物学特性

1. 生长发育过程

纤维用亚麻的生育期一般为70～80 d。从出苗到成熟可分为苗期、枞形期、快速生长期、现蕾开花期、成熟期5个时期（见表3—1）。

表3—1　纤维用亚麻的生育期划分

苗期	种子在适宜的水分和温度条件下开始萌发，一般播后7～9 d即可出苗。整个苗期10 d左右。苗期叶片肥厚，色泽深绿，主根、侧根形成，株高4～6 cm，植株生长速度约0.3 cm/d，纤维细胞开始形成
枞形期	苗期过后的20 d左右时间内，植株地上部分生长极为缓慢，但地下根系生长旺盛。此期幼苗长有3～6对真叶，根系可达25～30 cm，株高10 cm左右，日生长量0.5～0.8 cm，叶20～25片，紧密聚集于植株顶端，因植株呈小枞树状，故称枞形期。为使亚麻正常生长，此时应采取除草抗旱等保墒栽培措施，促其转入快速生长期
快速生长期	枞形期过后即转入快速生长期。此时植株上部的生长点下弯，株高生长迅速，日增长3～5 cm。纤维细胞数量增多，呈椭圆形疏松排列。此期结束时，株高50～60 cm，达成熟时的70%左右，叶60～70片。快速生长期一般20多天 快速生长期决定纤维的产量和品质，也关系到种子的产量。因此，需要供给充足的水分和养分，才能获得优质高产
现蕾开花期	从快速生长期到开花期需25～30 d，从现蕾到开花需5～7 d。亚麻开花一般自凌晨5～6时开始，7～8时为盛花期，9～10时花瓣脱落，一般花期10 d左右。开花后植株基本停止生长，花序分枝继续伸长，此时株高80～100 cm，绿叶80～90片，植株下部叶片变黄，并开始脱落，植株内纤维细胞排列紧密
成熟期	亚麻大约在开花结束后20～25 d达到工艺成熟期。此期的特征是：1/3的麻茎表皮变成黄绿色，茎下部1/3的叶片开始脱落，蒴果1/3变成黄褐色。此时是亚麻收获的最佳期

2. 亚麻对环境条件的要求

亚麻对环境条件的要求见表 3—2。

表 3—2　　亚麻对环境条件的要求

温度	纤维用亚麻喜温和湿润的条件，生育期活动积温在 1 400℃以上的地区均能种植。亚麻种子能在 1～3℃的低温下发芽，且发芽速度随温度的升高而加快，最适温度为 20～25℃。幼苗期在短时间的－3.5℃的低温条件下不致受冻害，生育期间能忍耐－6～－8℃的低温。亚麻生育期间要求气温不太高、昼夜温差小的温度环境。从出苗到开花的适宜温度为 11～18℃，气温超过 18～20℃，麻茎生长加速，纤维组织疏松，品质下降。开花后温度稍高，对纤维产量、质量影响不大，且有利于种子成熟
光照	纤维用亚麻在开花前不要求强的光照，在开花后需要充足的光照，以促进纤维细胞的发育成熟。光照不足，会影响纤维细胞的增厚和成熟，麻茎易倒伏，产量低，品质差。纤维用亚麻在黑龙江省长日照条件下栽培，容易通过光照阶段，提早开花。在密植的条件下，由于光照不足，营养生长期延长，麻茎长得高且分枝少，原茎产量较高，品质良好
水分	纤维用亚麻是需水较多的作物，每形成 1 g 干物质，需要 400～430 g 水。亚麻需在适宜的水分条件下播种，出苗快慢与湿度密切相关。种子发芽需吸收种子重量的 110%～160%的水分。随植株的生长需水量有所增加，出苗到快速生长前期占全生育期总耗水量的 9%～13%，快速生长期到开花期占 75%～80%，开花后到工艺成熟期占 11%～14%。试验证明，快速生长期到开花期土壤持水量以 80%左右最好，开花后到成熟期土壤持水量以 40%～60%为宜 亚麻在生长发育期间，特别是快速生长期遇到高温干旱，麻株长不起来，纤维发育不良，单纤维短，缺乏弹性；而在凉爽湿润的条件下，麻株长得高，纤维长而柔软，且弹性好。但水分过多或排水不良，麻株长得软柔，易倒伏，出麻率低，纤维品质差
土壤	纤维用亚麻根系发育要求耕层深厚、土质疏松、保水保肥、排水好的土壤，黑龙江省以黑钙土和淋溶黑钙土为好。这两种土壤，耕层深厚，团粒结构稳定，保水保肥力强，适于亚麻生长土壤的 pH 值为 5～8.5

3. 纤维细胞发育的三个阶段

亚麻茎不同部位纤维细胞数目不同，中部纤维细胞数最多，下部次之，上部最少，见表 3—3。

表 3—3　　亚麻纤维细胞发育的三个阶段

纤维细胞形成积累阶段	从出苗到开花期结束为纤维细胞形成积累阶段。亚麻在出苗后 5～7 d 就已形成数量不多的小纤维细胞，枞形期纤维细胞小而少；快速生长期到开花期纤维细胞形成积累得最多。在营养生长阶段，亚麻茎内纤维细胞数目随着生长日数的增长而增多，但细胞腔大，壁薄，呈椭圆形，以锁链状排列在茎中
纤维细胞壁增厚阶段	从开花到绿熟期为纤维细胞壁增厚阶段。此时，纤维细胞数基本不再增加，而细胞壁明显增厚，细胞腔变小，形状变圆，排列紧密，以环状分布于茎中
纤维细胞成熟阶段	从绿熟期到工艺成熟期为纤维细胞的成熟阶段。细胞形状由圆形变为多角形和棱形，细胞腔缩小到圆孔状，一小团一小团地排列在茎中，表示纤维细胞已经成熟

第三节　纤维亚麻的栽培技术

一、合理轮作

1. 合理轮作的意义

合理轮作可以均衡地、全面地利用土壤中的水分和养分，改善土壤的理化性状，在生产水平较差的地区，如果长期种植一种作物，必将导致土壤营养消耗过量，地力减退。因此，将亚麻与不同作物合理轮作，可均衡地利用土壤中的营养元素，而不致引起养分的片面消耗，如与豆科、绿肥作物轮作可增进地力。因豆科作物可通过根瘤固定游离氮素，弥补土壤氮素的损失。绿肥作物翻入地下也能显著增加土壤中的氮素含量，增加土壤中的有机质。

不同作物往往具有不同的伴生和寄生性杂草，如玉米地里的稗草，大豆地里的苍耳都是伴生的，而亚麻地里的菟丝子则是寄生的。亚麻与玉米、大豆轮作，伴生性杂草很易除掉；寄生性杂草，由于改变了寄主，也可以有效地防除。

亚麻忌重茬和迎茬，否则苗期立枯病、炭疽病发生严重，使原茎产量大幅度下降。

2. 轮作制度

试验证明，纤维用亚麻与其他作物换茬，可大大减轻苗期病害。目前，我国纤维用亚麻的轮作方式有以下几种：

第一，玉米——亚麻——大豆——高粱或谷子。

第二，大豆——亚麻——玉米——高粱——谷子。

第三，玉米——亚麻——甜菜——大豆——小麦。

第四，小麦——亚麻——玉米——大豆——甜菜。

第五，谷子——亚麻——玉米——小麦或大豆——高粱。

第六，谷子——亚麻——甜菜——小麦——大豆。

二、选地、选茬和整地

1. 选地

种植纤维用亚麻应选择地势平坦的平川黑土地，或排水良好的二洼地。因为平川黑土地、二洼地地势较低，土质肥沃，保水保肥力强，即使在天气干旱的情况下，土壤含水量也比岗地和山坡地多。农民说这样的地块“担旱”。由于平川或缓坡黑土地的土壤肥力高，保水保肥力强，种亚麻产量也高。

亚麻不宜种在黄土岗地、山坡地和跑风地上，也不宜在土壤黏重和排水不良的涝洼地和沙土地上种植亚麻。

2. 选茬

不同的前作对亚麻的生育及产量和质量有很大影响。试验证明，玉米、大豆茬种亚麻产量最高，其次是小麦茬，而高粱、谷子茬种亚麻产量较低。其原因是玉米茬施入了大量的农家肥和化肥，土壤里残肥多，且为中耕作物，铲耥管理细致，地板平净。种亚麻后，田间杂草少，有利于亚麻生长发育，产量、质量都高。大豆也是中耕作物，农民称“软茬”，且其根瘤菌能固氮，增加土壤肥力，种亚麻产量高。小麦茬经伏翻整地，减少了杂草，恢复了地力，也是种植亚麻的好前作。高粱、谷子茬施农家肥少，地板硬，农民称为“硬茬”，其土壤肥力低。

3. 整地

亚麻是平播密植作物，种子小，发芽需水多，而且胚根柔嫩，子叶拱土能力弱，播种覆土又不宜太厚，因此对整地质量要求较严。

我国纤维用亚麻的主产区——东北地区，由于冬季降雪少，春季多风少雨，蒸发量是降水量的 3～8 倍，十春九旱。播种时土壤水分已成为亚麻出苗的主要限制因素。所以，整好地保住墒，对防旱保苗有着十分重要的意义。

通过秋季和春季的一系列整地，耕层土壤的水、气、热三项比例适合，使土壤里的水分尽可能多地保蓄起来，给亚麻出苗和前期生长备足底墒，造成一个有利于提高播种质量，使麻苗得以顺利出土的良好环境条件，从而保证一次播种保全苗。

由于种植亚麻不铲耥，几乎全部的土壤耕作均在播前进行。适宜的耕翻可以消灭杂草和病虫害，疏松土壤，提高地温，促进土壤微生物的活动，改善土壤内水、肥、气、热状况，提高土壤肥力，从而创造一个适于亚麻生长发育的良好土壤条件。

近几年来，随着农业机械化水平的提高，纤维用亚麻种植区都采取翻耙耢压连续作业的整地方法。主要推广以下 3 种；

（1）原垄耙茬　作业方法是：一耙压半耙、耙耢压连续作业。它不仅能整理出平整、疏松的表土层，又能减少 10 cm 以下耕层的水分大量散发，具有明显的保墒效果。据调查，原垄耙茬的整地方法，比春翻整地土壤含水量提高 0.8%～1.2%。

（2）顶浆整地　我国北方各地土壤解冻时间相差 10～15 d，南部地区在 4 月上中旬，北部地区在 4 月中下旬。当表土层化冻深度到 10 cm 左右时，进行顶浆整地，保墒效果良好，在一定程度上还可持续较长时间供给亚麻生育初期所需的水分。

（3）伏秋翻整地　在小麦茬上播亚麻，小麦收割后要抓紧伏翻耙地；在玉米、谷子茬上种亚麻，要抓紧秋翻整地，翻耙连续作业。伏秋翻整地有利于充分接纳伏雨和秋雨，使耕层土壤储存大量水分，做到“春旱秋防”。另外，伏翻整地还可以解决低洼易涝地区春季土壤“浆气大”、机械不能下地作业的矛盾，不误农时抓全苗，创高产。

低洼地和河滩江湾地，春季土壤水分大，返浆期长，不便下地，可等煞浆后，随整地随播种，以利出苗。

在水浇灌区和盐碱地区，应在早春进行耙耕保墒，减轻土壤返盐。

整地的技术要求：秋季和春季的一系列整地措施，要求达到破碎土块，消灭明暗坷垃，疏松土壤，地面平整，特别是要填平翻地时留下的垡沟，防止土壤水分蒸发，造成表土疏松，底土紧实，透气、保水、保温的良好土壤环境，以便于亚麻的播种作业，又能为种子发芽出苗提供适宜的苗床。

三、施肥

1. 亚麻的需肥特性

亚麻需肥较多，每形成 100 kg 的干物质（茎、叶及种子），需从土壤中吸收氮 1.3～1.51 kg，磷 0.37～0.52 kg，钾 0.62～1.37 kg。亚麻不仅需要氮、磷、钾，而且也需要铁、硼、锌、锰、钼等微量元素。缺少某一种元素都会影响亚麻的正常生长发育。纤维用亚麻生育期短，根系纤细，吸肥力虽弱，但需肥集中。氮在枞形期，磷、钾在快速生长期和开花期出现吸收高峰。在亚麻的生长进程中，平衡供应各种养分，才能促进亚麻生长发育，协调营养生长和生殖生长，达到提高单产和纤维品质的目的。

2. 施用各种肥料的增产效果

（1）农家肥的增产效果　亚麻高产区的丰产经验表明，施用优质农家肥料，对亚麻有明显的增产效果，不能忽视合理施用有机肥料。

（2）化学肥料的增产效果　由于纤维用亚麻生育期短，而化学肥料肥效快，在施用农家肥的基础上，配合施用化肥做种肥效果较好。

3. 施肥方法和技术

（1）农家肥的施用方法和技术　纤维用亚麻施农家肥，主要用做底肥。按亚麻生育需肥要求，宜早施或提前施用。据黑龙江省兰西、呼兰、海伦等亚麻主产区的经验，在选定下一年种植亚麻的地块上，前茬地施足农家肥，接茬亚麻可充分利用前茬的残肥效力，原茎增产稳定，而且亚麻地杂草少，病虫害发生率低，麻茎品质也好。

也可在选定下一年种亚麻的地块上，结合秋伏翻整地施足底肥，或是当年施底肥。

无论采取哪一种施肥方法，都要用腐熟好的捣细粪肥，但量不宜过多。秋翻前施农家肥 30 000～37 500 kg/hm^2，播前以施 22 500 kg/hm^2 为宜。施肥时要扬匀，随扬随耙随压，连续作业。

（2）化肥的施用方法和技术　在施用农家肥做底肥的基础上，施用化肥做种肥。可利用早春土壤中的底墒，使化肥较快地转变为可溶态，及时被亚麻吸收利用，以满足亚麻幼苗和生育前期对养分的需要。目前，亚麻施用化肥的种类主要是氮磷复合肥和钾肥。为了合理施肥，必须了解化学肥料的基本性能，认真研究肥料的合理使用。现在亚麻生产上使用的氮肥有尿素和硝酸铵（硝态氮），碳酸氢铵和硫酸铵（铵态氮），磷肥有过磷酸钙，钾肥主要是硫酸钾。

四、适时播种

1. 播前准备

(1) 种子　种子质量的好坏，是保证亚麻全苗、壮苗的内在条件。所以要选用纯度高、净度好、发芽率高的种子。要求种子的发芽率不低于90%，清洁率不低于95%。

(2) 播种工具　主要是使用大型拖拉机牵引的谷物播种施肥机。播种前要仔细检查全套机械，各个部位都要达到正常作业状态。调整开沟器的距离，使播种行距合乎要求，并且均匀一致。

2. 适期播种

在确定播期时，除考虑土壤水分外，还要考虑自然降水的分布，既要保证亚麻正常的发芽出苗，又要使亚麻快速生长期接近或赶上雨季。不然，播种过早，麻苗易受冻害，并在快速生长期遇到“掐脖旱”，麻茎长不起来，造成减产。播种过晚，虽可躲过“掐脖旱”，但出苗到开花正处于高温多雨的环境条件，不利于纤维的形成和积累，降低出麻率。有的甚至贪青倒伏，造成严重减产。群众形象地概括其为“早播地八寸，晚播大青秆”。可见，适期播种对亚麻高产稳产具有重要意义。

3. 播种方法

(1) 机械条播　机械条播即用拖拉机牵引2BF—48型谷物播种施肥机播种，行距75 cm，一次播48行，播幅宽3.6 m，种子和肥料可同时下地。圆盘开沟器后带有覆土环，并在播种机后连接镇压器，使播种、覆土、镇压连续作业，一次完成，保墒保苗。

(2) 机械重复播　机械重复播又叫加行播或两次播。重复播的优点是种子下地散落均匀，苗眼由单条播的2～3 cm，增加到4～6 cm，行间界限不明显，解决了单条播植株个体营养面积小，麻苗相欺，个体与群体不能协调增长的矛盾，增加了有效成麻株数。纤维用亚麻重复播的做法是：将种子分成相等的两份，分两次播种，每次播1份。如计划播量110 kg/hm^2 种子，将播种机的下种量调整为55 kg，这样两次正好播110 kg。

4. 播种深度与镇压

多年生产实践和试验结果表明，亚麻播种深度以2～3 cm为适宜。土壤黏重，水分充足，春季雨水较多的年份或地区，播种深度宜浅；而土壤干旱，墒情不好，播种可深些，但最深不得超过4 cm。

亚麻播种后应及时镇压，加快出苗。镇压的时间与次数，应根据当时土壤的疏松程度、含水量多少、天气干湿等情况而定。在土壤水分充足或土壤黏重的地块，可在播后1～2 d镇压1次；反之，土壤含水少，气候干旱的条件下，应在播后立即镇压，最好是在机引播种机后直接带镇压器随播随压。镇压的工具多采用环式“V”形镇压器，也可用石磙子，土壤湿度大的地块可用木磙子。

五、合理密植

合理密植可充分利用水分和无机营养，协调构成产量的性状之间的矛盾，提高单位面积产量。目前，黑龙江省纤维用亚麻大田生产中的保苗率只有50%～70%，试验小区中的保苗率也不足80%，这严重影响了亚麻的产量。预定留苗密度时应考虑这一因素。纤维用亚麻的合理密度，应视当地的土壤肥力基础、地质、地势、科学种田水平和品种特性而定。目前应采取以下3种密植幅度、播种方法和播种量。

第一，在有肥力基础，肥力较高的平川地、二洼地，应推广7.5 cm行距重复播，播种量120～127.5 kg/hm²，保苗可达1 650万～1 950万株/hm²。

第二，在一般肥力的地块，采用7.5 cm行距条播或12.5 cm行距加宽播幅，播种量112.5～120 kg/hm²，保苗可达1 350万～1 500万株/hm²。

第三，肥力较差的平川地，采用7.5 cm行距条播或15 cm行距加宽播幅，播种量105 kg/hm²左右，保苗可达1 275万株/hm²左右。

六、加强田间管理

1. 防止倒伏

纤维用亚麻易倒伏，倒伏后，贪青霉烂，大大降低原茎及纤维的产量和品质，还增加收获晾晒和保管上的困难。

目前，防止亚麻倒伏的措施，主要是选用抗倒伏品种，选择排水良好的地块种亚麻，合理密植，增施磷、钾肥，可提高亚麻的抗倒伏能力。在钾肥较少的条件下，可施用含钾较高的炕洞土、塔头土。各地经验表明，在亚麻现蕾开花期施草木灰，也能有效地防止倒伏。

2. 合理灌水

（1）灌水时期　生产实践和科学试验证明，亚麻从快速生长期到开花期需要降水90～120 mm，因此在这个时期保证灌水量是非常必要的。

（2）灌水指标和方法　在亚麻进入快速生长期，根据土壤墒情和天气情况，结合天气预报合理灌水，要做到“久晴无雨速灌，将要下雨不灌，晴雨不定早灌”。10～30 cm土层含水量低于21%时，应及时灌水。

（3）灌水方法　目前普遍应用“小白龙”深入田间漫灌，既经济又方便。具体做法是从距水源远的一边开始，一片一片地往近处灌。灌水量应浇透犁底层，使水分更多地保蓄在土壤的中下层，以便保证亚麻生育对水分的需要。

3. 中耕

结合灌水追肥进行中耕可以提高地温，也可保蓄土壤水分。第一次中耕在苗高7 cm左右时进行，第二次在苗高15 cm左右时进行。中耕除草后追施化肥。

七、适时收获

纤维用亚麻收获时正值雨季，给收获保管带来了一定的困难。若收获不及时，保管不好，会直接影响麻茎质量和纤维品质，常常造成丰产不丰收。但只要掌握好亚麻的成熟期，做到适时收获，并根据天气变化，采取相应的晾晒和保管方法，就能夺取亚麻的丰产丰收。

1. 适时收获标准

纤维用亚麻适时收获，是保证丰产丰收和提高纤维品质的关键。收获过早，纤维成熟度不足，出麻率低，强度弱，麻茎水分大，不好保管。收获过晚，麻茎容易倒青或站干，纤维粗硬、脆弱，分裂度低，果胶质含量大，木质素增多，不好沤制。因此，在亚麻成熟过程中要经常观察，根据麻茎、麻叶、麻桃的变化，掌握好亚麻的工艺成熟期，做到适时收获。

纤维用亚麻工艺成熟期的主要特征有：一是麻田中有1/3的麻桃变成黄褐色，二是麻茎有1/3变成黄色，三是麻茎下部叶子有1/3脱落，一定要抓住这个时期收获。但是，在雨多的天气或是施肥多的田块，亚麻虽然成熟，反而麻茎浓绿，叶子不变黄，不脱落。在这种特殊情况下，只有根据亚麻的生育期确定亚麻的收获期。当麻桃1/3变成黄褐色，生育期达到70～80 d，就可以收获。

2. 收获方法

（1）人工收获　人工拔麻要做到“三看三定”“三净一齐”。一看麻田成熟度，定拔麻时间；二看麻田面积大小，定劳力多少；三看麻田整齐度，定是否分级拔麻。拔麻时要把高矮麻拔净，杂草挑净，根部泥土摔净，并要求把根部理齐。拔麻要在露水消后进行。

（2）机械收获　近两年拔麻机已开始应用于生产。黑龙江省佳木斯机械厂研制的4BM—1.5型拔麻机，每小时可拔麻10 000～15 000 m^2，作业幅宽1.52 m，可将未脱粒的麻株铺成带状，不需人工拔出机械通道。

为保证拔麻机的作业质量，提高效率，从种植技术方面要侧重抓好：一是彻底消灭田间杂草，二是防止麻株倒伏，三是集中连片种植。使用拔麻机收获亚麻比手工拔麻可节约开支105元/hm^2以上，并大大减轻了农民的劳动强度，所以在地多人少的东北新麻区很受群众欢迎。

无论是人工拔麻还是机械拔麻，都要用小麻将麻捆成拳头大的麻把，捆扎部位在靠麻根部7 cm左右处。麻拔下后多采用田间小圆垛晾晒保管，其方法是：拔麻后如有2～3 d不下雨，将拔下来的麻把就地立成人字码，晾晒1～2 d，在雨来之前码成小圆垛。若天气时阴时晴，变化无常，可随拔，随捆，随垛小圆垛。每小圆垛80～100把麻。圆垛底架要稳，上层麻茎梢部要搭在下一层麻茎分枝处，这样下雨不漏垛，刮风不翻垛，麻茎不霉不烂。

晾晒6～7成的麻茎，可运到场院内垛成南北长方形大垛保管，雨天用塑料布苫好，晴天打开晾晒。干后及时脱粒，将麻茎分级打成25～30 kg的大捆，交送原料厂。

脱下的种子要做到随脱粒、随筛、随入库，避免雨浇伤热霉烂，丧失发芽能力。

（3）沤制　主要采用温水沤麻，其次是雨露沤麻制成干茎，再经过碎茎、打麻、梳麻制成纤维。

雨露沤麻的基本技术如下：将麻茎平铺在田间，经日晒夜露，使霉菌逐渐繁殖起来，它会把纤细而成胶质的菌丝伸展到韧皮的薄壁组织里破坏果胶使纤维分离出来，雨露中的主要分解菌是叶芽枝霉菌，好气性的细菌在适宜条件下，也会起一些作用。麻茎露浸程度不同，靠地面部分及下部比铺在上层的麻干得晚，而晚间又湿得早，因此这部分较早地完成浸渍过程。因此雨露麻在沤制过程中必须翻动几次，避免发酵不均。雨露麻适宜的温度为 15～20℃、空气相对湿度为 60%。麻茎的湿度在 40%以上。雨露麻一般需 20～40 d 左右沤制，但在稳定、温暖、湿润的气候条件下，7～10 d 即可完成发酵过程。

亚麻沤好后，麻茎变成银灰色，用手敲打麻茎有时飞出黑色灰尘。湿茎鉴别：每天早晨露水特别大或雨后，麻茎水分达到饱和状态时，沤好的亚麻表现出靠麻茎梢部为全长 2/3 处折断，容易抽出 3 寸长麻骨，不带纤维，用拇指和食指连续掐断麻茎发出清脆的响声。干茎鉴别：晴朗干燥天气，空气湿度不大，把干茎弯成短弓形，麻皮与麻秆分离，用手揉搓靠麻茎梢部 1/3 处，麻茎中的木质部容易从纤维中脱落，麻皮不带死屑，麻皮能从根部一直扒到梢部，麻秆不带麻毛，麻皮内侧具银白色的底光，即已沤好。

亚麻沤好后，遇到连续雨天不能捆麻时，要把麻秆立成空心扇形麻撮，可以防止沤麻过头。机械拔麻后，要有专业人员认真观察，当麻层 40%左右的麻茎变成银灰色时，将麻层翻转过来，翻麻时用人要多，争取在短时间内完成这一过程。当 90%左右的麻全变成银灰色时，开始捆麻，同样要求速度快，以免遇雨使麻茎沤制过头，出麻率降低，造成损失。

沤麻过程中应注意以下问题：

1）翻麻　如果麻田矮小且杂草多，能将麻托起，只翻一遍，但若收获时田间无草又多雨，要经常查看麻层与土壤接触一侧，若有霉烂，应马上组织人力翻麻。以后如有同类事情发生，依法而行。

2）应密切注意天气变化，根据降水情况，不同时间拔的麻应有计划捆起。如有连续降雨将至，即使麻茎 70%～80%沤好也应及时捆起，不然易造成沤制过头。

知识链接——纤维用亚麻优良品种

1. 吉亚 4 号

该品种是由吉林省农科院经济植物开发研究中心杂交育成，2006 年通过吉林省农作物品种审定委员会审定通过。生育期 73 d，出苗至工艺成熟期 60～65 d，需有效积温 1 440℃，属于偏早熟品种。幼苗期生长繁茂健壮，中后期生长势好，抗立枯病及炭疽病。花蓝色，种子褐色，表面光滑，种子千粒重 4.2～4.5 g。茎秆直立，叶片浓密上举，茎叶表面覆有蜡被，有利于防旱，株高 90～100 cm。工艺长 70～80 cm。

分枝短，有3～4个分枝，单株蒴果7～9个。长麻率20.4%，全麻率29.11%，纤维强度27.3 kg。适应性广，抗倒伏性强。可在各种类型土壤上种植。机械平播，保苗2 000万株/hm²，前茬以大豆、玉米、小麦茬为好。施肥量为磷酸二铵150～225 kg/hm²，即可获得高产。适宜播期为4月10—25日。播种量为100～120 kg/hm²。播种深度为3～5 cm，在苗高5～15 cm时，进行化学除草。熟期较早，工艺成熟期及时收获。

2. 黑亚4号

该品种系由原黑龙江省甜菜研究所麻类室用辐射与杂交相结合的方法育成。苗期深绿色，直立，分茎弱。生育繁茂。叶片较宽、肥厚，表面有蜡被。株高85～103.7 cm，工艺长度为81.6～90 cm。株型松散，分枝为4～7个，单株蒴果数6～9个。花蓝色，种子千粒重4～4.6 g。较耐盐碱，耐水肥，抗倒伏，较感立枯病、炭疽病。生育期73 d左右，为中熟品种。本品种在黑龙江省西部的兰西、肇州、青岗、明水等县盐碱地区种植，吉林省东部地区也有种植。原茎产量4 227～6 250 kg/hm²。长麻出麻率为16.2%～19.2%，纤维产量530～1 012.5 kg/hm²。适于水肥充足的平川地、二洼地种植，在盐碱地区（含盐碱量0.1%～0.2%）栽培表现增产，保苗1 500万～1 650万株/hm²。施农家肥225 500 kg/hm²做底肥，三元复合肥75～90 kg/hm²做种肥。

3. 黑亚5号

该品种系由黑龙江省农业科学院经济作物研究所采用杂交方法育成。幼苗直立，深绿色，分茎弱，叶片上举，茎叶表面有蜡被。苗期生长缓慢，根系发达，入土深，抗旱性强。平均株高95.5 cm，工艺长度为79.2 cm。花蓝色，漏斗形。蒴果棕褐色。花序较紧凑，分枝比较集中。种子棕褐色，千粒重3.8～5 g。生育期80～83 d。为晚熟品种。该品种抗倒性强，抗立枯病和炭疽病，不感染锈病。原茎产量6 000 kg/hm²左右，长麻出麻率平均为16.5%。适于黑龙江省的绥化、东部垦区、哈尔滨等地区栽培，以水肥充足的平川地或排水良好的二洼地种植最好。以玉米、大豆、小麦为前作最适宜。4月底至5月初播种，保苗率1 500万～1 650万株/hm²，施磷酸二铵112.5～150 kg/hm²做底肥。

4. 黑亚6号

该品种系由黑龙江省农科院经济作物研究所采用辐射与杂交相结合的方法育成。幼苗浓绿健壮，叶片狭长上举，茎、叶表面有蜡被。苗期生长缓慢，平均株高100.2 cm，工艺长度平均85.7 cm。花蓝色，中等大小，漏斗形。花序紧凑集中，分枝少。种子褐色，千粒重3.8～5 g。株型紧凑整齐，茎秆直立挺拔。生育期80 d左右，为晚熟品种。前期耐旱，较抗倒伏，抗立枯病及炭疽病，不感染锈病，适应性强。原茎产量5 250 kg/hm²左右，长麻出麻率15.6%。该品种适宜在松花江、绥化、嫩江和合江垦区等地栽培。选用地势平坦、水肥充足的平川地及排水良好的二洼地种植最好，以玉米、高粱、谷子、小麦等作前茬作物为宜。4月底至5月初播种，保苗1 350万～1 500万株/hm²，施磷酸二铵52.5～75 kg/hm²、重过磷酸钙52.5～112.5 kg/hm²做种肥，增产明显。

5. 双亚10号

该品种系由黑龙江省亚麻原料工业研究所采用杂交方法育成。株高100 cm左右，工艺长度80.6～89 cm。茎秆直立，长势繁茂，整齐一致，枝梗短，适宜密植。叶色深绿，叶背有蜡被。花蓝色。抗萎蔫病、炭疽病和立枯病，不感染锈病。抗旱，抗倒伏，生育期77 d，为中熟品种。原茎产量6 300 kg/hm²左右，纤维产量750 kg左右。该品种适合于水肥充足的平川地及排水良好的二洼地种植。喜肥，4月底至5月初播种。

第四节　亚麻病虫草害防治

一、亚麻病害防治

1. 亚麻炭疽病

亚麻炭疽病为我国亚麻产区的主要病害，常年发生率为30%～40%，死苗率在10%左右，发病严重的地块，常常造成毁种。此病常与亚麻立枯病混合发生。

（1）症状　亚麻从苗期到成熟期的植株各部分均可感染被害，以苗期发病较重。幼苗出土前后不久即可开始发病。在胚轴上长有锈色或黄色的长条病斑，幼苗子叶上的病斑为边缘境界明显呈下陷的半圆形。茎上有褐色稍凹的溃疡斑，蒴果被害形成褐色圆形病斑，菌丝可侵入种子内部，使种子发芽率降低，受害严重的种子，萌发后幼苗往往在出土之前死亡。

（2）传播方式　病菌在植株残体及种子上越冬，为翌年初次侵染来源。在潮湿的情况下，易发病流行。

（3）防治方法　①合理轮作，轮作期一般不少于6～7年；②药剂处理种子，用种子重量0.3%的炭疽福美拌种，防效高达80%以上。

2. 亚麻枯萎病

亚麻枯萎病又叫萎蔫病，分布于东北、河北、山西、甘肃、宁夏、四川等省（区），一般发病率为1%左右，严重时可达20%。亚麻前期发病，多为成片的全田萎蔫，下垂变褐，全田似火烧；后期发病，呈点片发生，感病植株矮小，很易从土里拔出，严重影响亚麻产量和质量。

（1）症状　幼苗感病时，茎呈灰褐色或棕褐色，缢缩、凋萎，最后倒伏而死，叶片枯黄。成株发病时，顶梢萎垂，植株初呈黄绿色，后变褐色，茎秆枯干而死，但茎仍直立不倒伏。在潮湿天气，茎基部出现白色或粉红色霉状物（分生孢子梗及分生孢子）。病株茎基部的根系腐烂，易从土中拔出，折断病茎可见茎中维管束变成褐色。

（2）传播方式　该病菌的分生孢子和菌丝可在土壤中的有机质及残留在土壤中的病残株上腐生越冬，病菌也可侵入蒴果和种子或附在种子表面越冬，成为翌年的初侵染来源。在低温（侵染最适气温为16～32℃）、高湿及含有机质多的土壤、酸性土壤易发病，重茬、迎茬发病也较重。

（3）防治方法　①采用5年以上轮作；②严禁重茬、迎茬；③选用抗病品种如双亚1号，在无病田采种；④在播种前用种子重量0.3%的炭疽福美拌种效果良好。

3. 亚麻立枯病

亚麻立枯病为全国亚麻产区的主要苗期病害之一，常年发病率在30%左右，死苗严重者造成田间缺苗。

（1）症状　幼苗受害严重，患病的幼苗茎基部呈黄至黄褐色条状斑痕，病斑上下蔓延形成明显的缢缩，最后顶梢萎垂，逐渐枯死。此病常与炭疽病混合发生。

（2）传播方式　该病主要是由菌丝繁殖传染，菌丝在植株的残体上、土壤中和种子上越冬，成为翌年发病的初次侵染来源。

（3）防治方法　①药剂拌种，用种子重量0.3%的炭疽福美拌种有良好的效果；②坚持5年以上的合理轮作，能显著减轻该病发生；③清除田间病残株，于亚麻收获后，及时清除田间残株，并进行秋翻地或伏翻地。

4. 亚麻锈病

亚麻锈病在我国东北麻区局部发生，感病的植株在茎、叶、花各部分形成大量的病斑，破坏叶绿素，使亚麻生长受到抑制，致使植株早枯，影响纤维的产量和品质。

（1）症状　在亚麻的各个生育期均能为害，但以开花前表现出的症状较为明显。首先在上部叶子上产生黄色小斑点，后扩展到下部叶片，以后在茎、蒴果上产生淡黄色或橙黄色的小斑点，叫夏孢子堆。到成熟期，则在亚麻的表皮下产生许多密集的黑色光滑的小点，叫冬孢子堆。

（2）传播方式　亚麻锈病的病菌有高度的专化性，冬孢子在被害茎叶残体上或附着于种子上越冬，这种越冬的病孢子须经严寒－30～－20℃的刺激，翌年才能正常萌发，经一系列过程后继续侵染亚麻。

（3）防治方法　①消灭初侵染来源；②收获后立即翻耕麻田，清除田间病株残体；③选择无病麻田留种；④选用抗病品种，如黑亚5号、黑亚6号、双亚1号等；⑤加强农业栽培措施，适时早播，避免施氮肥过多，增施钾肥，低洼地避免种亚麻。

5. 亚麻白粉病

亚麻白粉病是国内外亚麻产区的一种常见病害。

（1）症状 病害一般先发生在底层叶片，逐渐感染中层叶片。茎叶表面上形成白色丝状有光泽的斑点，病斑扩大，形成圆形或椭圆形，呈放射状排列。先在叶的正面出现白色粉状薄层，以后扩及叶的背面及叶柄，最后布满全叶。

（2）防治方法 ①加强栽培管理，提高亚麻抗病能力，在新发病地区清除病株及感染杂草，以切断菌源，实行 4 年以上的轮作；②药剂防治，用硫黄粉 15～30 kg/hm^2，或 1 500 倍的托布津和 80%福美硫黄 500～600 倍液喷洒；③选用抗病品种。

二、亚麻虫害防治

亚麻虫害主要是草地螟，是东北地区等亚麻产区的主要害虫之一。

1. 危害

幼虫咬食亚麻叶片，大发生时，将叶片全部吃光，只剩下茎秆，使亚麻严重减产。除危害亚麻外，还危害甜菜、大豆等作物。一般每年发生两代，6 月下旬至 7 月上旬为第一代幼虫危害亚麻盛期，8 月上中旬为第二代幼虫危害盛期。

2. 防治方法

当虫卵基本孵化时，集中人力喷 2.5%溴氰菊酯乳油；虫口密度为 50～100 头/m^2，幼虫为 4～5 龄时，喷洒溴氰菊酯 2 500 倍液；虫口密度在 500 头/m^{2}以上时须喷两次药；虫口密度在 100 头/m^{2}以下，幼虫为 1～3 龄时，喷洒溴氰菊酯 4 000～5 000 倍液或 20%除虫菊酯乳油 2 000～4 000 倍液，或 80%敌敌畏乳油 800 倍液，杀虫效果都在 80%以上。清除田间杂草，特别是在成虫产卵盛期，除草是防治草地螟的重要措施；也可用黑光灯或白光灯诱捕成虫。

三、亚麻田间杂草防除

目前，我国纤维用亚麻区，防除田间杂草的综合措施如下：

（1）选择地板干净的地块种亚麻 丰产的典型经验是头一年选好地后培养地力，应选择放过秋垄的玉米茬或拿过大草的豆茬种亚麻。

（2）诱草早发，播种灭草 春整地进行得早，解冻深，墒情好，草子萌发快，杂草出土齐。5 月上旬采用 48 行谷物播种机种亚麻，特别是重复播，灭草率可达 80%以上。

（3）人工除草 在目前生产条件下，人工除草是综合灭草中不可缺少的环节。多在出苗后 15～20 d 的枞形期，苗高 10 cm 左右时，人工除草 1～2 次。

（4）化学除草 化学除草在亚麻田杂草的综合防除中占重要地位。目前推广的除草剂为：用 20%拿捕净加 70%二甲四氯，苗期喷洒，防除效果达 85%～90%。防除禾本科杂草，用拿捕净 3～4.5 kg/hm²；防除阔叶杂草，用二甲四氯 0.75～1.2 kg/hm²；如果混用需拿捕净 3 kg/hm²加二甲四氯 0.75 kg，兑水 450～600 L/hm²。

思考与练习

1. 亚麻具有哪些物理与化学性质？
2. 亚麻有哪些类型？
3. 亚麻对环境条件有哪些要求？
4. 亚麻如何选地、选茬与整地？
5. 亚麻在播种上有哪些技术要求？
6. 亚麻适时收获的标准有哪些？
7. 亚麻的常见病虫草害有哪几种？

第四章　南　　瓜

学习目标：

◆通过学习理解掌握南瓜的起源、营养与应用价值

◆掌握南瓜的形态特征与生物学特征

◆掌握南瓜的栽培技术及病虫草害防治方法

第一节　概　　述

南瓜是葫芦科南瓜属中的一个种，为一年生蔓性草本植物，又名倭瓜、麦瓜、番瓜、倭瓜、金冬瓜。本属还有笋瓜、西葫芦、黑子南瓜和灰子南瓜 4 个种。

在我国南北方广泛种植的有笋瓜（又称印度南瓜）、西葫芦（又称美洲南瓜）、南瓜（又称中国南瓜或园南瓜），在云、贵一带海拔 1 000 m 左右的地区，有野生或栽培的黑子南瓜，黑子南瓜不作食用，仅作饲料，由于其根系抗病、耐寒性强，所以，被广泛用做黄瓜嫁接时的砧木，从而黑籽南瓜名声大噪。南瓜别称饭瓜、番瓜、倭瓜等，原产地为中、南美洲，在中美洲有很长的栽培历史。我国的栽培面积约为 4.13 万 hm^2，总产量为 112 万 t，平均产量为 26 850 kg/hm^2。其中尤以云南、河南、湖北、贵州、河北等省栽培居多。

一、南瓜的营养价值

南瓜的嫩瓜与老熟瓜均可食用，其营养成分有所差异。在 100 g 可食部分中，嫩瓜含水量为 93.7 g，老熟瓜为 81.9 g，老熟瓜中的碳水化合物为 15.5 g，比嫩瓜高 2.7 倍，蛋白质含量嫩瓜为 0.9 g，比老熟瓜高 0.2 g。脂肪及膳食纤维的含量，老熟瓜均略高于嫩瓜。南瓜中的胡萝卜素、钾和磷的含量丰富，较其他瓜类均高，它可与含胡萝卜素高的作物如番茄、胡萝卜相媲美，特别是老熟瓜中的胡萝卜素含量更高，达 120 μg，比嫩瓜含量高 1 倍。每 100 g 可食部分中，老熟瓜中含钾 181 mg，含磷 40 mg，分别比嫩瓜高 2.1 倍和 2.3 倍。嫩瓜中维生素 C 的含量为 16 mg，比老熟瓜高 3.2 倍。此外，南瓜还含有瓜氨酸、精氨酸、天

门冬素、葫芦巴碱、腺嘌呤、戊聚糖和甘露醇，以及果胶及酶等，其果胶含量为南瓜干物质的7%～17%。南瓜种子含有南瓜子氨酸、脂肪油等。

二、南瓜的应用价值

南瓜的适应性很广，耐运输和储藏，用途也很多，既可当粮亦可做菜。嫩瓜可切丝炒食，或做菜汤、菜馅；老熟瓜还可做南瓜饭，或将其煮熟后捣烂，拌以面粉制成糕饼、面条等，亦可切块蒸食。南瓜还可以用做饲料，又能入药，所以颇受消费者的欢迎。南瓜还可加工成南瓜粉、南瓜营养液，作为食品添加剂或食疗用品应用。其种子含油量达60%以上，可榨出优质食用油，亦可加工成干香食品。近年来国内发现的裸仁南瓜，即无种皮的南瓜品种，亦用于食品加工工业中。

南瓜味甜适口，性甘温，主要有补中益气作用，它所含的一些成分，可以中和食物中残留的农药成分以及亚硝酸盐等有害物质，促进人体胰岛素的分泌，还能帮助肝、肾功能减弱的患者增加肝、肾细胞再生能力。南瓜中所含的瓜氨酸可以驱除寄生虫，所含的果胶物质除了具有杀菌、止痢作用外，还能减低血液中胆固醇的含量，使血中胰岛素消失迟缓，血糖浓度比控制水平低。所以多食南瓜，能饱腹，排泄物增多，既可防饥饿，又可防止发胖和糖分增加，可有效地防治糖尿病和高血压。但南瓜一次不能食用过多，因容易引起腹胀气满等令人不适的感觉。

此外，鲜南瓜瓤可治水火烫伤和跌打损伤。南瓜子可驱蛔虫、血吸虫。南瓜蒂外用可治疔疮，南瓜花清热、消肿、止血。南瓜叶可治痢疾、夏季热、小儿疳积。南瓜藤煎汁饮服，治肺结核低热、胃痛、肠炎、月经不调。南瓜根可通乳汁，治淋病、黄疸、痢疾。南瓜一身都是药，可谓是“瓜中之宝”。

在我国历史上，南瓜对救灾救荒，添补蔬菜淡季市场的空缺，曾起过重要的作用。现在随着社会的进步，南瓜在我国人民膳食结构中又被赋予了新的认识，它不仅是充饥的菜肴，而且是优良保健食品，在菜篮子中它是一个独具特色的品种。

第二节　南瓜栽培生物学基础

一、南瓜的形态特征

南瓜的形态如图4—1所示。

1. 根

南瓜的根系发达，种子发芽长出直根，入土深达2 m左右。一级侧根有20余条，一般

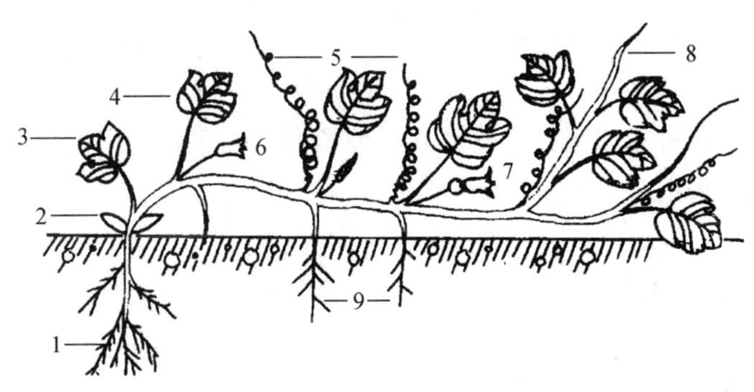

图 4—1 南瓜

1—主根 2—子叶 3—第一真叶 4—第二真叶
5—卷须 6—雄花 7—雌花 8—侧枝 9—不定根

长 50 cm 左右，最长可达 140 cm，并可分生出三四级侧根，形成强大的根群。主要根群分布在 10～40 cm 的耕层中。南瓜根系强大，在旱田或瘠薄的土壤中均能正常发育。

2. 茎

茎蔓性，分主枝及 1～2 级侧枝，一般蔓长 3～6 m，长的可达 7～10 m，少数有短缩的丛生茎。茎中空，具有不明显的棱。在匍匐茎节上易产生不定根，起固定枝蔓和辅助吸收水分的作用。由于其分枝性较强，需进行植株调整。

3. 叶

叶互生。叶片肥大，色深绿或鲜绿，叶柄细长而中空，无托叶。叶片有五角，掌状形，叶面有柔毛，粗糙。沿着叶脉有白斑，白斑多少、大小及叶色浓淡因品种而异。叶腋处着生雌花、雄花、侧枝及卷须。

4. 花

南瓜的花器较大，雌、雄同株异花，异花授粉，借助昆虫传粉。雌花大于雄花，花色鲜黄或黄色，筒状雌花子房下位，柱头三裂，花梗粗，从子房形态可以判断以后的瓜形。雄花比雌花数量多，出现早并先开放，有雄蕊 5 个，合生成柱状，花粉粒大，花梗细长。花萼着生于子房上。花冠 5 裂，花瓣合生成喇叭状或漏斗状。南瓜的果实是由花托和子房发育而成的。南瓜开花在夜间开始，早晨四五点钟达到盛开放。短日照和较大的昼夜温差有利于雌花形成，并可降低着生的节位，有利于早熟。主茎基部侧蔓雌花着生节位高，主茎上部侧蔓雌花着生节位低。

5. 果实

南瓜果实形状有扁圆、圆筒、长筒、梨形、瓢形、纺锤形、碟形等。瓜皮颜色也因品种而异，底色多为绿、灰或粉白色，间有浅灰、橘红的斑纹或条纹。南瓜果面平滑或有明显棱线，或瘤棱、纵沟。果肉颜色多为黄、深黄、白或浅绿色。果实分外果皮、内果皮、胎座 3 部分。一般为 3 心室，6 行种子着生于胎座。也有的为 4 心室，着生 8 行种子。肉厚一般为 3～5 cm，个别厚度达 9 cm 以上。肉质致密。瓜梗硬，木质化，断面呈 5 棱，上有浅纵沟，与瓜连接处显著扩大，呈五角形的座。

6. 种子

南瓜种瓜成熟后，种粒饱满，子皮硬化，种子形状扁平，边缘肥厚，颜色多为灰白色、淡黄色、淡褐色或黄褐色，千粒重 126～800 g，寿命 5～6 年。

二、南瓜的生物学特性

1. 南瓜的生育周期

南瓜的生育周期包括发芽期、幼苗期、抽蔓期及开花结瓜期，见表 4—1。

表 4—1　南瓜的生育周期

发芽期	从种子萌动至子叶展开，第一片真叶显露为发芽期。南瓜种皮比冬瓜的薄；浸种时间较冬瓜短，一般用 40～50℃温水浸种 2 h。在 23～30℃条件下催芽需 36～48 h。在正常条件下，自播种至子叶展开需 4～6 d，从子叶展开至第一片真叶显露仍需 4～5 d
幼苗期	自第一片真叶开始抽出至具有 6 片真叶，还未抽出卷须为幼苗期。这时植株直立生长，在 20～26℃条件下，生长期需 25～30 d，如果温度低于 20℃，生长缓慢，需要 40 d 以上时间。此期主枝生长迅速，每日可增长 4～5 cm。真叶陆续扩展，茎节开始伸长。早熟品种可出现雄花蕾，有的也可显现出雌花和侧枝
抽蔓期	从第五片真叶展开至第一雌花开放，一般需 10～15 d，为抽蔓期。此期茎叶生长加快，从直立生长变为匍匐生长，卷须抽出，雄花陆续开放，为营养生长旺盛时期，茎节上的腋芽迅速活动，抽发侧蔓。同时，花芽亦迅速分化。此期要根据品种特性，注意调整营养生长与生殖生长的关系，同时注意压蔓，促进不定根的发育，以适应茎叶旺盛生长和结瓜的需要，为开花结瓜期打下良好基础
开花结瓜期	从第一雌花开放至果实成熟，茎叶生长与开花结瓜同时进行，到种瓜生理成熟需 50～70 d，此期为开花结瓜期。早熟品种在主蔓第五至第十叶节出现第一朵雌花，中熟品种需在主蔓第十至第十八叶节出现第一朵雌花，晚熟品种迟至第二十四叶节左右出现。在第一朵雌花出现后，每隔数节或连续几节都能出现雌花。不论品种熟性早晚，第一雌花结的瓜小，种子亦少，早熟品种尤为明显

2. 南瓜对环境条件的要求

南瓜对环境条件的要求见表 4—2。

表 4—2　南瓜对环境条件的要求

温度	南瓜属于喜温蔬菜，它可耐较高的温度，对低温的忍耐能力不如笋瓜和西葫芦。种子在 18℃以上开始发芽，以 26～30℃时发芽最为适宜，10℃以下或 40℃以上时不能发芽。根系生长的最低温度为 6～8℃，根毛生长的适宜温度为 18～32℃，生长的最适温度为 28～32℃。开花结瓜的温度不能低于 15℃，温度高于 35℃，花器官不能正常发育。果实发育最适宜的温度为 25～27℃，所以，往往在夏季高温期生长受阻，结果停歇

续表

光照	南瓜属短日照作物。雌花出现得迟早，与幼苗期温度的高低和日照长短有很大关系，在低温与短日照条件下可降低雌花出现的节位而提早结瓜。南瓜对于光照强度要求比较严格，在充足光照下生长健壮，弱光下生长瘦弱，易于徒长，并引起化瓜。但在高温季节，阳光强易造成严重萎蔫。所以，适当套种高秆作物，有利于减轻直射阳光的不良影响。由于南瓜叶片肥大，田间消光系数高，影响光合产物的产生，所以要注意必要的植株调整
水分	南瓜有强大的根系，具有很强耐旱能力。但由于南瓜根系主要分布在耕作层内，蓄积水分是有限的。同时南瓜茎叶繁茂，叶片大，蒸腾作用强，每形成 1 g 干物质需要蒸腾掉 748～834 g 水。土壤和空气湿度低时，也会造成萎蔫现象，持续时间过长，易形成畸形瓜，所以也要及时灌溉，才能正常生长和结瓜。雌花开放时若遇阴雨天气，易落花落果
土壤和营养	南瓜根系吸肥吸水能力强，一些难于栽培蔬菜土地都可种植，它对土壤要求不严格。但土壤肥沃，营养丰富，有利于雌花的形成，雌花与雄花的比例增高。适宜南瓜生长的土壤 pH 值为 6.5～7.5。在南瓜生长前期氮肥过多，容易引起茎叶徒长，头瓜不易坐稳而脱落，过晚施用氮肥则影响果实的膨大。南瓜苗期对营养元素的吸收比较缓慢，甩蔓以后吸收量明显增加，在头瓜坐稳之后，是需肥量最大的时期，营养充足可促进茎叶生长，有利于获得高产。南瓜对氮磷钾三要素的吸收量比黄瓜约高 1 倍。是吸肥量最多的蔬菜作物之一，在整个生育期内对营养元素的吸收以钾和氮为多，钙居中，镁和磷较少。生产 1 000 kg 南瓜需吸收氮 3.92 kg，五氧化二磷 2.13 kg，氧化钾 7.29 kg。南瓜对厩肥和堆肥等有机肥料有良好的反应，在施用基肥与追肥时要注意氮、磷、钾的配合

第三节　南瓜栽培技术

一、套种栽培

由于南瓜植株长势强，吸收水肥能力强，对土壤要求不甚严格，栽培技术也比较简单，常进行套种栽培。例如，玉米、高粱和南瓜间作的方式很普遍。在农村种植南瓜多做成 60～80 cm 的栽培畦，相间 1.5～2 m，可点种玉米、高粱等。早南瓜还可与蚕豆、大麦等作物套作，由于小麦、蚕豆等播种早，提早生长，当瓜进入盛果期时，小麦等早已收获，对南瓜影响不大。在菜中，南瓜多与春播小菜、春甘蓝间作，做成宽 150 cm 和 80 cm 的大小畦，大畦中栽早熟甘蓝、莴笋等，小畦中种植南瓜。还可南瓜与番茄套种，又称棚架南瓜，即把南瓜的播期适当推迟，然后套种到番茄畦的一侧，待番茄进入生育中期时，将南瓜的蔓引到番茄的棚架上，这样可使架材二用，节省成本和人工。还有一种混作方式是在南瓜幼苗定植时，同时栽入矮生的菜豆幼苗。因为菜豆生长较南瓜快，定植后 17～18 d 即可结荚，还能起到为早熟南瓜遮蔽寒霜的作用，待南瓜长大时菜豆已经收获两三次，可以拉秧而让南瓜生长结实。

二、选地、整地与施肥

选择地势较高，排水良好，土质疏松透水性好的地块，麦茬和玉米茬最好。忌与茄科作物轮作及重茬、迎茬，轮作周期3～5年。选茬还注意上一年没有施过普施特、豆磺隆、广灭灵等的地块。南瓜虽然对土壤条件要求不严格，但欲获优质高产的产品，还应将其种植在沙壤土或肥壤土中。在前茬作物收获后，要及时清洁田园，翻耕土地，以改良土壤的物理性状，从而提高地温，有利于早发苗。前茬松耙后实现秋起垄，以140 cm大垄为宜，并镇压。有深松基础地块可采取秋、春耙茬起垄或原垄下种。撒施优质腐熟的农家肥60 000～75 000 kg/hm^2，撒完肥后再翻耙一遍，使肥土混合均匀。

在南方种植，由于春季多雨，夏秋干旱，所以要做到深沟高畦，以利排灌。畦宽因品种、前茬作物和栽培方式不同而有差异。一般畦宽（连沟）为1.5～1.7 m，每畦可种2行。与其他作物间作，栽种越冬作物时，要预先留出种植南瓜的位置。

如果肥源较紧，可在种植南瓜的栽培畦或小畦中，施腐熟农家肥30 000～45 000 kg/hm^2。集中施肥后再深翻一次，使土和肥混合均匀。还有的地方按南瓜株行距挖定植穴（或称打窝子），穴宽40～50 cm，深13～16 cm，将粪肥施入穴内，并与穴内泥土混匀，等待移栽。需肥约22 500 kg/hm^2。如采用化肥，施磷酸二铵100 kg/hm^2、硫酸钾50 kg/hm^2，生育期追肥两次，第一次在伸蔓后开花前，追尿素50～100 kg/hm^2，第二次在果实膨大期追磷钾复合肥100～150 kg/hm^2，开花和果实膨大期用磷酸二氢钾等微肥进行2～3次叶面追肥效果更好。

三、育苗与播种

南瓜栽培有育苗移栽和露地直播两种方式。早熟栽培都进行育苗移栽，中、晚熟栽培适于直播。

1. 育苗

有用温床育苗、冷床育苗或塑料薄膜小拱棚育苗等方式，条件好的也可用电热畦育苗。温床育苗，是在育苗床中填充酿热物，最好用马粪，也可用一半马粪一半垫圈草。酿热物需在育苗前15～20 d发好，早春时选晴天中午，把酿热物踩入床坑中，厚度为20～30 cm。踩平后填上床土，并密封床框。待床土化冻后，整平床土准备育苗。由于目前南瓜早熟的市场行情不高，抢早栽培的方式还未发展，所以播种期与定植期都比较偏晚。大部分地区主要是以冷床育苗或塑料小拱棚育苗。冷床育苗有的用普通阳畦的床框结构，上盖玻璃窗框或塑料薄膜，然后再覆盖草苫。也有用改良阳畦的，在北侧打1 m左右高的土墙，南面覆盖半圆拱形的塑料薄膜棚，其上再覆盖草苫。塑料小拱棚育苗，一般棚高0.6 m，宽1.2～1.5 m，成本较低，但其昼夜温差大，保温性能不及冷床育苗，所以采用塑料小拱棚育苗时，也应该覆盖草苫，增强保温效果。

（1）床土准备 播前的10～15 d，先将床土翻耕晒白，促使土壤风化。育苗床的培养土应进行配制，其比例是肥沃而无病虫害的园田土6份、腐熟堆肥3份、细沙或草炭2份，并加少量草木灰充分混拌均匀，铺成7～8 cm厚的床土。播种前一两天，将床土耙细整平，浇足底水，水深8～10 cm，待水渗入后，再撒上1～2 cm筛细的培养土，划好8～10 cm见方的土块，然后在土块中央挖一小穴待播。也可用纸袋、塑料筒或营养钵育苗，效果更好。

（2）种子处理 播前应将种子进行筛选，除去瘪子和畸形子，千粒重应达到该品种的要求，一般需达到140 g以上。选晴天将种子晒1～2 d，以增强种子的生活力。选好种后，把种子放入60℃水中，烫种10 min，不断搅拌，待水温降低至30℃时，再浸种3～4 h，搓净种皮上的黏液后用湿布包好，置于25～30℃的温度下催芽，经36～48 h，芽长3～4 mm时，即可播种。粗放管理的，也可不经催芽直接播种。

（3）播种 播种时间随品种、地区及茬口安排等条件不同而异。将发芽的种子放入营养土方的穴中，每穴一两粒，然后均匀地撒上一层营养土盖住种子，床面上铺一层稻草，或放几根竹竿，再铺上塑料薄膜覆盖，起到保温保湿的效果。最后再盖上玻璃窗框，四周用泥将缝隙密封，夜间加盖草帘保温，以利出苗。

（4）苗期管理 播种后应注意培育壮苗，为丰产打好基础。一般早熟品种苗龄为40～45 d。在播种后要盖好玻璃或薄膜，密封苗床，夜间需加盖草席保温，白天应尽量争取光照，经常消除玻璃或塑料膜上的草屑和灰尘，增加照度和温度，使白天的苗床温度保持在25～30℃，夜间保持在12～15℃。当子叶拱土时要及时揭去床面上覆盖的塑料薄膜，放风降温，以防幼苗徒长，白天保持在20～25℃，夜间控制在10℃左右。当大部分幼苗出土时，可覆盖1 cm厚的培养土以保持湿度。晴天温度高，可揭开玻璃或塑料薄膜放风，逐步拉开，由小到大。阴雨天少开窗。风大天冷时要背风向开，或者边开边关，以换风透气为主，不使冷空气直接影响瓜苗生长。随着气温的不断提高和幼苗的生长，秧苗应加强锻炼，在没有霜冻的夜间，苗床可以不盖草席，并适当控制水分，促进幼苗叶厚色绿，茎秆粗壮。

对于用小拱棚薄膜覆盖育苗的，由于其保温性较差，昼夜温差大，所以夜间要加强保温，天气温暖的晴天晚上可盖一层草席，如遇寒潮或霜冻天气，还需再盖一层薄膜，上面再覆盖一层草席防寒。棚内的湿度大时，要注意通风透光，适当换气，以免秧苗徒长和感染病害。

（5）分苗 采用分苗法是在两片子叶展平时分苗。这样做的优点是节约育苗床面积，节省种子。同时分苗时可以调整大小苗的位置，使幼苗生长整齐，而且可使幼苗节间短，不易疯长。分苗要选在晴天进行，苗可分在钵内，也可分在营养土块中，苗间距为7～9 cm见方，一边分苗，一边浇水，一边将覆盖物盖好，保证成活率。在分苗后的两三天内要加强保暖，促进早发根，夜间可以双层覆盖保暖。晴天中午若温度过高，可将草帘覆盖一两个小时，遮阴降温，防止子叶下垂。成活后逐步放风锻炼，培育壮苗。或当瓜苗长到1～2片真叶时才间苗，每堆留两株。3～4 片真叶时进行定苗，每穴一株，要采用掐去或剪掉方式间苗，不要拔苗，以免根部透风伤苗。

（6）蹲苗　当瓜苗长到 2～3 片真叶时，可进行蹲苗。蹲苗的目的是抑制幼苗徒长，促进根系发达，增强植株的抗性，并使之能逐步适应大田的栽培环境。其方法是：在蹲苗前一天浇透水，掌握为土坨不散也不过湿为宜。用花铲或薄片刀将土坨以幼苗为中心，切成 7～9 cm 见方的土块，切后放一天，然后按苗距 10～12 cm 排列好，并用细土将苗坨之间空隙填满。如遇阴雨天被淋湿而散坨，要继续关窗或盖好塑料薄膜。一般蹲苗后 7～10 d 即可定植。定植时达到的壮秧标准是：地上部长有 2～3 片真叶，株高 10 cm 或稍高，叶片深绿，茎秆粗壮，根系发达布满土坨，无病虫危害。

（7）定植时间　根系生长得快，以小苗定植为宜。早熟品种，为了争取早上市，幼苗以两三片真叶时定植，其标准如上述。而露地中熟、晚熟的则幼苗在 2 片真叶展平时即可定植。定植时要选下胚轴短粗、2 片子叶肥大平展、颜色浓绿、根系发达的壮苗为好。

定植时间一要根据当地的终霜期早晚而定，早熟栽培的大多在 4 月中下旬，普通栽培的在 5 月上中旬，如果定植时有地膜覆盖或地膜小拱棚覆盖的设施，则可以提早 7～10 d 定植。二要根据茬口的衔接而定，如果是与五月油菜、莴笋、甘蓝等套种，则可在前作物收获前 1 个月定植，如不进行套种，需待前茬作物收获后才能定植。

（8）定植密度　采用爬地式栽培，畦宽 1.82～2 m，每畦种植 1 行，株距 0.5 m，约 10 500～12 000 株/hm^2。上海地区种植 3 000 穴/hm^2 左右，每穴 2 株，6 000 株/hm^2。棚架南瓜为 4 500 余株/hm^2。北方地区一般采用 70 cm 行距，穴距 100 cm；140 cm 行距，穴距 50 cm，保苗 1.5 万株/hm^2。

（9）定植方法　定植时要挑选健壮的苗，淘汰弱苗、无生长点的苗、子叶不正的苗、散坨伤根的苗和带病的黄化苗。定植不能过深，以避免瓜苗陷入穴内，引起积水烂根，但也不能过浅，以免造成根系外露而影响成活。一般定植深度，以子叶节平地面为宜。将苗放于定植穴中要及时覆土，定植后要及时浇水，提高成活率。定植时，还应在田边角处留一些备用苗，以供日后补苗之用。当瓜苗长到 8～9 片真叶时，在瓜秧基部培一次定向土，促使长出不定根，增加吸收能力，避免翻秧。

2. 露地直播

晚熟栽培的南瓜以及在边地、宅旁零星地种植的南瓜，都在当地终霜期后直播。华北地区在 4 月下旬以后，长江中下游地区在 4 月上中旬进行。黑龙江省露地栽培适宜播期为 5 月 15 日左右。一般先催芽后直播，出苗较快，还可减少鼠害。采用干子直播的方法也可以，具体方法是，在播种前先开穴，浇足底水，每穴直播种子三四粒，水渗后再覆盖 2 cm 厚的细土，约七八天即可出苗。幼苗长出一两片真叶时进行间苗，每穴选留 2 株生长健壮的秧苗，将那些不具本品种特性，或弱苗、畸形苗和病苗拔除。为了减少春季低温的威胁，有的地方在播种后夜间扣一泥碗保温，白天再将其揭开见光。或者在播种最初时将土覆厚一些，待出苗前再将多覆的土去掉，这样也可促使幼苗提早生长。土壤墒情好，苗期一般不浇水，应进行多次中耕松土，并向幼苗周围培土。如果幼苗表现缺水时，可在距主茎基部 20 cm 处开沟浇暗水，水渗后再覆土。为了促使苗壮，也可在沟内撒入 150～225 kg/hm^2 硫酸铵，然后再浇水、覆土。

直播方法简便、省工，而且根系发育得好，抗旱能力强，虽然成熟期较晚，但产量较高。

四、田间管理

1. 查田补苗

南瓜定植的株行距大，每公顷栽植的株数较少，但单株产量高。如果缺苗，将会严重降低产量。在定植和缓苗过程中，由于各种因素的影响而造成缺苗，影响产量。所以在定植后进入缓苗期时，要加强查苗、补苗工作，一经发现死苗缺株，必须及时补上。对那些生长不良、叶片萎蔫发黄、缓苗困难的植株，亦必须及时拔除，补栽新苗。补苗时要注意挖大土坨，尽量少伤根系，栽后要及时浇水，以保证成活。

2. 肥水管理

南瓜肥水管理要根据不同生育阶段、土壤肥力和植株长势的情况进行。在南瓜缓苗后，如果苗势较弱，叶色淡而发黄，可结合浇水进行追肥，追肥可用 1∶3～1∶4 的淡粪水，用量 3 750～4 500 kg/hm^2，追施发棵肥。如果肥力足而土壤干旱，也可只浇水不追肥。在南瓜定植后到伸蔓前的阶段，如果墒情好，尽量不要灌水，应抓紧中耕，提高地温，促进根系发育，以利壮秧。在开花坐果前，主要应该防止茎、叶徒长和生长过旺，以免影响开花坐果。当植株进入生长中期，结了一两个幼瓜时，应在封行前重施追肥，以保证有充足的养分。一般追施 1∶2 的粪水 15 000～22 500 kg/hm^2。还有在根的周围开一环形沟，或用土做一环形的圈，然后施入人畜粪和堆肥，再盖上泥土。这次追肥对促进南瓜果实的迅速膨大和多结瓜有重要意义，必须及时进行。这个时期如果无雨，应该及时浇水，并结合追施化肥，每次施用硫酸铵 150～225 kg/hm^2 或尿素 105～150 kg/hm^2，或复合肥 225～300 kg/hm^2。在果实开始采收后，追施化肥，可以防止植株早衰，增加后期产量。如果不收嫩瓜，以后准备采收老瓜，后期一般不必追肥，根据土壤干湿情况浇一两次水即可。

南瓜喜有机肥料，在施用化肥时要力求氮、磷、钾配合施用。施肥量应按南瓜植株的生长发育情况和土壤肥力情况来决定，如瓜蔓的生长点部位粗壮上翘、叶色深绿时不宜施肥，否则会引起徒长、化瓜。如果叶色淡绿或叶片发黄，则应及时追肥。

3. 中耕除草

南瓜定植株行距都较大，公顷种植株数较少，宽大的行间，水、肥适宜，光照又充足，气温不断地升高，使杂草很容易发生，所以从定植到伸蔓封行前，要进行中耕除草。中耕不仅可以疏松土壤，增加土壤透气性，提高地温，而且还可以保持土壤湿度，有利于根系发生。第一次中耕除草是在浇过缓苗水后，在宜耕期进行，中耕深度为 3～5 cm，离根系近处浅一些，离根远的地方深一些，以不松动根系为好。第二次中耕除草，应在瓜秧开始倒蔓向前爬时进行，这次中耕可适当地向瓜秧根部培土，使之形成小高垄，有利于雨季到来时排水。随着瓜秧倒蔓，植株生长越来越旺，逐渐盖满地面，就不宜中耕了。一般中耕三四次，但如封行前没有将杂草除尽，又进入高温多雨季节，更有利于杂草丛生，此时要用手拔除，以防止养分的消耗和病虫害的滋生。

4. 整枝

爬地栽培的南瓜，一般不进行整枝，放任生长，特别是生长势弱的植株更不必整枝。反之，对生长势过旺，侧枝发生多的可以整枝，去掉一部分侧枝、弱枝、重叠枝，以改善通风透光条件。整枝方法有单蔓式整枝、多蔓式整枝，也可不拘形式地进行整枝。单蔓式整枝，每株留一个主蔓结瓜，主蔓上留 1～2 个瓜即掐尖，把侧枝全部除掉。一般早熟品种，特别是密植栽培南瓜，多采用此法整枝。在留足一定数目瓜后，进行摘心，以促进瓜的发育。多蔓式整枝，一般运用于中熟、晚熟品种，就是在主蔓第五节至第七节时摘心，而后留下两三个侧枝，使子蔓结瓜。每侧蔓留 1～2 个瓜即掐尖，整枝时间以瓜蔓长到 70 cm 左右为宜。在坐瓜前方留 3～4 片叶处把生长点掐掉（摘心），再把蔓梢部用湿土埋上。在瓜后两节叶的叶片处把蔓压上。主蔓也可以不摘心，而在主蔓基部留两三个强壮的侧蔓，把其他侧枝摘除。不拘形式的整枝方法，就是对生长过旺或徒长的植株，适当地摘除一部分侧枝、弱枝，叶片过密处适当地打叶，有利于防止植株徒长，改善植株通风透光条件。在进行以上作业的同时，为保证质量和产量，主根瓜必须去掉，方法是短节位的瓜（约 50 cm 以内）全部去掉。

5. 压蔓

压蔓具有固定叶蔓作用。在瓜秧倒蔓后，如果不压蔓就有可能四处伸张，经风一吹常乱成一团，影响正常的光合作用和田间操作管理。通过压蔓操作可使瓜秧向着预定的方位伸展，同时可生出不定根，辅助主根吸收养分和水分，满足植株开花结果的需要。压蔓前要先行理蔓，使瓜蔓均匀地分布于地面，当蔓伸长 60 cm 左右时进行第一次压蔓，方法是在蔓旁边用铲将土挖一个 7～9 cm 深的浅沟，然后将蔓轻轻放入沟内，再用土压好，生长顶端要露出 12～15 cm，以后每隔 30～50 cm 压蔓 1 次，先后进行三四次。

对于实行高度密植栽培早熟南瓜，则可压蔓 1 次，甚至不压蔓。当它进入开花结瓜期，在已经有一两个瓜时，可以选择一个个大、形状好、无伤害的瓜留下来，顺便摘去其余的瓜，同时摘除侧蔓，并打顶摘心。打顶时要注意在瓜后留两三片叶子，便于养分集中，加快果实的膨大。

五、人工授粉和植物激素的应用

南瓜是雌雄异花授粉植物，依靠蜜蜂、蝴蝶等昆虫媒介传播花粉，受精结果。在自然授粉情况下，异株授粉结果率占 65%，本株自交授粉的结果率占 35%。从人工授粉和自然授粉的效果看，人工授粉的结果率可达 72.6%，而自然授粉的结果率仅有 25.9%，所以人工授粉对提高南瓜的结果率极为有利。特别是在南方栽培南瓜，开花时期，多值梅雨季节，湿度大、光照少、温度低，往往影响南瓜授粉与结瓜，造成僵蕾、僵果或化果。

人工授粉的具体做法是：一般南瓜在凌晨开花，早晨 4～6 时授粉最好。所以人工授粉要选择晴天上午 8 时前进行，可采摘几朵开放旺盛的雄花，用蓬松的毛笔轻轻地将花粉刷入干燥的小碟子内，然后再蘸取混合花粉轻轻涂满开放的雌花柱头上，授粉以后，顺手摘张瓜叶覆盖，勿使雨水侵入，以提高授粉效果。一般一枝雄花花粉可连续授 2～3 个雌花。采用混合花粉授粉，有利于提高坐果率和果实质量。也可将雄花采摘后，去掉花瓣直接套在雌花上，使花粉自行散落在雌花柱头上，或将雄蕊在雌花柱头上轻轻涂抹，这样也可达到人工授粉的目的。如遇阴雨天，则可把翌日欲开的雌花、雄花用发夹或细丝束住花冠，待次日雨停时，将花冠打开授粉，然后再用叶片覆盖授粉后的雌花。

此外，南瓜也可应用植物激素。有报道认为，在南瓜长出 3～4 片真叶时，直接喷洒乙烯利的 2 500 倍稀释液于瓜苗上，可促使瓜苗雌花早开，幼瓜早结。也可在南瓜花期，用 20～25 mg/L 的 2，4-D 溶液，涂于正开的雌花花柄上，可防止果柄脱落，提高结果率。

六、采收和储藏

适时采收，是提早供应市场，增加产量的有效措施。特别是早熟品种，如果采收不及时，就会妨碍植株的正常发育，使继后生长的幼瓜因得不到充分营养而降低产量，甚至形成僵果，降低总产量。

1. 菜用南瓜的收获与储藏

南瓜的嫩瓜和老熟瓜均可采收，早熟品种南瓜在花谢后 10～15 d 可采收嫩瓜，中晚熟品种在花谢后 35～60 d 才能采收充分老熟瓜。采收嫩瓜后再通过加强肥水管理措施，促进植株继续开花结果，这样可分批分期上市。对于习惯食用老熟瓜的地区，要待果实达到生理成熟时采收。老熟瓜生理成熟的特征是：表皮蜡粉增厚，皮色由绿色转变为黄色或红色，用指甲轻轻划表皮时不易破裂。在分批采收供应市场后，再将其剩余部分南瓜储藏，上架分层存放。储藏期内要经常检查，一般 15～20 d 翻动一次，及时捡除烂瓜，以防蔓延。只要储藏方法得当，一般可储藏三四个月，也有长达半年之久的，可不断地陆续供应市场。

2. 子用南瓜的收获与储藏

(1) 切瓜　切瓜工具最好使用月牙刀，没有月牙刀可用铁锹或斧头。其刀刃要求不锋利，要钝些。因为瓜子着生在瓜壳内壁，与瓜柄、瓜脐平行生长，所以切瓜时必须横切，否则会切伤瓜子。

(2) 掏瓤　掏瓤最好用椭圆形饭勺，以不伤瓜壳，又不落子为好。掏子时要把烂子、小子及时扔掉或挑出，好子单独加工、晾晒、保管。

(3) 分离、水洗、漂子　应做到当日掏瓤，当日分离，连续操作不隔夜，避免出现沤板、黄板。开瓜取子后堆放时间不能超过 24 h，堆放时间长，黄板多，影响南瓜子质量。种子必须经过水洗，否则易发霉变质。水洗法比较简便，种子干得快，净度好，种片白。方法是用一水槽，把开瓜掏出的种子放入水槽里，用笊篱捞出浮在水面上的种子。瓜瓤、瓜壳等杂质都沉于水下。最好使用南瓜子分离机分离，每小时可分离南瓜子 500 kg 以上。分离出的南瓜子用清水漂洗后晾晒。漂洗时千万不要用手搓洗瓜子，否则会搓掉种膜，易粘住各种脏物，且不易脱落，变成脏板，影响瓜子的经济价值。

（4）机械脱子　机械脱子分两种：一种是半机械脱子，人工掏瓤后，用机械挤子；另外一种是全机械脱子，整瓜投入，直接破碎挤子。机械脱子时要注意新机械第一次使用时，先用其他谷物或沙子磨一磨刀口，避免破子过多。

（5）晾晒　搭木架高 0.5～1 m，宽 1.5～2 m，长 20～30 m，横向铺上干燥的葵花秆或玉米秆，顺向铺尼龙筛网，离地悬空上下通风，种子干得快。刚上架晾晒的种子不宜过厚，一般窗纱可以晒 1.5～2.5 kg/m^2，2 h 翻动 1 次。第二天晒 5 kg/m^2。晾晒 2 d 后籽粒之间不粘连，转到彩条布、苫布上晾晒，倒下架子再晾晒第二批。晒干的种子，其表面上着覆的一层软皮自然脱落，水分降到 9%以下，用手掰易折断，并发出脆响。

要坚持经常翻动，直到飞出软皮为止。也可在瓜地利用自然垄横放柴草或秸秆，上面铺上窗纱，搭制成晾晒台，遇雨时上面可遮上地膜。

（6）成品加工　南瓜子晒干后要做到随干随加工。可利用风吹去瘪粒、杂质，装袋储存。水分高于 9%存放，种子易发生霉变，甚至容易出现冻板。装袋前再堆放 2～3 d，防止“假干”种子（外干内湿），选择晴天再晾晒一次，确保储存安全不变质，种子雪白光亮。

（7）储藏　加工后的成品，一定要放在通风、干燥、无灰尘的仓库或室内储藏，南瓜子袋不能直接着地。严防鼠害、潮湿与污染，进一步提高产品质量。

知识链接——南瓜优良品种

1. 梅亚雪城二号

该品种系由黑龙江梅亚种业有限公司用两个遗传性状不同的亲本，杂交选育而成，2006 年由黑龙江省农作物品种审定委员会审定推广。

特征特性：子用型。植株根系发达，生长强健，抗灾能力强，果实扁圆形，银灰皮，种片横茎平均 12 mm，纵茎 22 mm，呈长形，百粒重 38 g，种片雪白光亮，平均单瓜重 3.5 kg，果肉橘黄色。生育期 105 d 左右，需有效活动积温 1 900～2 200℃，从开花到采收需 55～60 d。一般第一雌花着生在主蔓 6～8 节处，以后每隔 3～4 节出现一个雌花，坐果习性好，结果力强。人工播种 7.5 kg/hm^2，机械播种 10 kg/hm^2。栽培密度保苗 15 000～17 000 株/hm^2。栽培方式：130～140 cm 大垄垄距种植，株距 40～45 cm；65～70 cm 垄距种植，株距 90～80 cm；垄距 65～70 cm，隔一垄空一垄，株距 45～40 cm。

2. 龙园栗香

该品种系由黑龙江省农业科学院园艺分院以日本的两个高代自交系 93—12—8 和 93—9—7 杂交选育而成，2004 年由黑龙江省农作物品种审定委员会审定推广。

该品种喜黑沙壤土、排水良好的地块。喜高温，开花结果期 25～27℃为佳，喜光，短日照有利于雌花形成。主蔓结瓜为主，雌花着生早，易坐瓜，单株结瓜 2～4 个。果实扁圆形，绿色皮，覆白色条带，外观整齐，均匀度高，平均单瓜重 2.0 kg，果肉厚，可食用率高，果肉橘黄色，肉质紧密，粉质性强，香甜面。抗旱性强，耐瘠薄土壤，耐寒耐热。早熟，从播种到采收 80 d 左右，既可集中采收，又可分批采收，且耐储藏，可供应期长。维生素 C 含量 96 mg/kg，固形物含量 12.75%，总糖含量 11.95%，干物质含量 21.43%。接种鉴定：病毒病 15.31%，白粉病 40.22%。

3. 甘南 1 号

该品种系由黑龙江省甘南县向日葵研究所研制。生育期 100 d 左右，需活动积温 2 000℃左右，果实圆形、灰色，种子白色、较多，百粒重 38 g，耐瘠薄、干旱。籽粒平均产量 1 265.4 kg/hm^2。

该品种对土壤要求不严格，以平岗地，沙质壤土栽培为好，耕深 30 cm。黑龙江省陆地直播的适宜期为 5 月 10—20 日，株行距为 100 cm×70 cm，坐水埯种。

4. 十八棱北瓜

十八棱北瓜是河北省石家庄市地方品种。植株匍匐生长，生长势强，分枝多。叶为掌状心脏形，长 14 cm，宽 27 cm，叶柄中空，主蔓第十二节处着生第一瓜。瓜为圆盘形，纵径 10 cm，横径 22 cm。瓜周围形成较深的纵沟，有 16～18 个棱。单瓜重 2 kg。果梗向内凹陷，瓜皮褐色，带有黄色斑，瓜肉橘黄色，肉厚 4.6 cm，肉质致密，干面，瓜瓤小，品质好，抗逆性强。生长期 100 d 左右，产量 30 000 kg/hm^2 左右。

5. 裸仁南瓜

裸仁南瓜是山西省农业科学院选育的南瓜新品种。裸仁南瓜是南瓜的一个变种，种子只有种仁而无外种皮，是一种种子与瓜肉兼用型南瓜，种子、嫩瓜、老瓜均可食用。植株蔓长 2.3～3 m，从主蔓第五节至第七节开始结瓜，以后间隔 1～2 节再结瓜。瓜扁圆形，嫩瓜绿色，老瓜赭黄色。单株坐瓜 2～3 个，单瓜重 3～4 kg。瓜肉橘红色，肉质致密，含水分少，每百克鲜瓜含可溶性固形物 10～13 g。种子脂肪含量 43.68%，蛋白质 37.11%。肉质面甜，耐储藏。生育期 110 d，耐瘠薄，适应性强。产种子 375 kg/hm^2 左右，种子千粒重 168.7 g。

第四节　南瓜病虫草害防治

一、南瓜病害防治

南瓜病害主要有疫病、白粉病和枯萎病。

1. 南瓜疫病

在多雨的季节发病严重，在南瓜将成熟时，突然发病烂瓜，造成损失很大。

（1）症状　该病主要危害果实，一般先在接触地面或靠近地面部分发生黄褐色水浸状病斑，病斑迅速扩大，稍凹陷，潮湿时表面密生白色绵状霉，病瓜腐烂发臭。

（2）病原　南瓜疫病菌属鞭毛菌亚门，霜霉目，疫霉属真菌。菌丝体灰白色，较稀疏。孢囊梗细长，不分枝。孢子囊多呈卵圆形或椭圆形，黄褐色，顶端肥厚，乳突明显。卵孢子淡黄色，球形。

（3）发病规律　病菌主要在土壤中或病株残体上越冬，种子也能带菌，第二年育苗时直接侵染幼苗。幼苗发病后，病斑上的病菌，通过风、雨、流水进行传播，先后引起叶、蔓、果实发病，进行多次再侵染。

一般在果实进入成长期，降雨量大，降雨次数多，导致土壤含水量突然增高时，容易引起发病。在低洼、排水不良、重茬地块发病严重，接近辣椒地发病更严重。

（4）防治方法　①要选择地势高、排水良好壤土或沙壤土地块栽培南瓜。②与非寄主范围内作物进行 3 年以上轮作。③不能与辣椒地相邻种植。④多施有机肥，促进植株生长健壮，根深叶茂，提高抗性。在瓜果长大后期用草或砖瓦类物垫瓜，以免瓜果直接接触地面。雨季适当控制浇水，雨后及时排涝，做到雨过地干，遇干旱及时浇水，浇水时严禁大水漫灌，并应在晴天下午或傍晚时进行。⑤注意观察，发现病株，立即拔除，病穴用石灰消毒。⑥药剂防治，常用药剂有 25％甲霜灵可湿性粉剂，或 43％甲霜铜，或 75％百菌清可湿性粉剂 600 倍液。也可用 64％杀毒矾可湿性粉剂 400～500 倍液，少数病苗可以灌根。为了预防全田发病，则要全面喷雾，要求喷药周到、细致，所有叶片、果实及附近地面都要喷到，每隔 7～10 d 喷 1 次，共喷 3～4 次。

2. 南瓜枯萎病

南瓜枯萎病又叫蔓割病、萎蔫病等，主要危害南瓜的根和根颈部。

（1）症状　幼苗发病时，幼茎基部先变黄褐色并收缩，然后子叶萎垂。成株发病时，茎基部水浸状腐烂缢缩，后发生纵裂，常流出胶质物，潮湿时病部长出粉红色霉状物，干缩后成麻状。感病初期，表现为白天植株萎蔫，夜间又恢复正常，反复数天后全株萎蔫枯死。有时也在节茎部及节间出现黄褐色条斑，叶片至下而上变黄干枯，切开病茎，可见到维管束变褐色或腐烂。这是因为菌丝体侵入维管束组织，分泌毒素所致，常导致水分输送受阻，引起茎叶萎蔫，最后枯死。

（2）病原　南瓜枯萎病菌属于半知菌亚门，尖孢镰刀菌属真菌。菌丝体无色透明，有隔膜和分枝。分生孢子有大小两种，大型分生孢子生于气生菌丝体或分生孢子座上，产生慢，数量小，镰刀形或纺锤形，有1～5个分隔，多为3个分隔。顶端细胞较长，向上逐渐窄细，稍尖。小型分生孢子无色，椭圆形，无隔或偶有1个分隔。

（3）发病规律　病原菌以菌丝体、厚垣孢子在土壤中的病株残体上越冬。病菌的生活力很强，能存活5～6年，种子、粪肥也带菌。一般病菌从幼根及根部、茎基部伤口侵入，在维管束内繁殖蔓延。通过灌水、雨水和昆虫都能传病。自幼苗到生长后期都能发病，以结瓜期发病最重。在适宜环境条件下，病斑上能形成大量分生孢子进行重复侵染。

凡重茬、地势低洼、排水不良、施氮肥过多或肥料不腐熟、酸性土壤的地块，病害均重。

（4）防治方法　①严格实行与非瓜类作物进行5年以上轮作，并注意选择地势高、排水良好的地块种南瓜。②选用抗病品种，采种时必须从无病株上留种瓜。③高垄栽培，多施磷肥、钾肥，少施氮肥。以充分腐熟有机肥做底肥。发病期间适当减少浇水次数，严禁大水漫灌，雨后及时排水。④注意观察，发现病株则连根带土铲除销毁，并撒石灰于病穴，防止扩散蔓延。⑤药剂防治。在南瓜生长期或发病初期可用70%甲基硫菌灵可湿性粉剂1 500倍液，或50%多菌灵可湿性粉剂1 000倍液浇灌植株根际土壤，灌药量为300 mL/株左右。

3. 南瓜白粉病

白粉病是南瓜上常发生的一种病害。常因叶片受病而提早枯死，影响了果实产量。

（1）症状　南瓜受害多发生在生育中后期，主要危害叶片、叶柄和茎，果实一般不受害。发病初期，叶面和叶背产生白色近圆形小粉斑，以叶面较多，以后向四周扩展，成为直径1 cm左右的霉斑。环境适宜时，霉斑扩大连片，使全叶满布白粉状物，故称白粉病。后期白色粉状物变成灰白色或红褐色，叶片也逐渐褪色。严重时叶片枯黄卷缩，但一般不脱落。后期在叶背出现黑色小点，即病菌闭囊壳。

（2）病原　南瓜白粉病菌属于子囊菌亚门，白粉菌目，单丝壳属真菌。分生孢子梗圆柱形，不分枝，有隔膜，无色，着生4～9个分生孢子，呈链状。分生孢子圆形或长椭圆形，单胞，无色。闭囊壳球形或扁球形，暗褐色，附属丝丝状，略带褐色。内有一个子囊，子囊内含8个子囊孢子，子囊孢子呈椭圆形，单胞。该菌寄主范围较广，除南瓜外，尚可侵染豆类、茄类、莴苣、红花、向日葵等。

（3）发病规律　病菌以闭囊壳在病残体上越冬，菌丝体也可以在温室或塑料大棚里的植物活体上越冬。来年5—6月，气温达20～25℃时释放出子囊孢子，和越冬后菌丝体形成的分生孢子，借气流传播，落到寄主表面萌芽侵入，形成初次侵染。产生病斑后产出大量分生孢子进行多次再侵染，到植株生长后期，在病部产生闭囊壳，随病残体在田间越冬。在温室或塑料大棚内，则以菌丝体在寄主上越冬。

分生孢子在 10～30℃均可萌芽侵染，最适温度为 20～25℃。对湿度要求不高，湿度降到 25%以下时仍能侵入。所以天气干旱，有利病菌侵入，在多雨的天气里，常因分生孢子吸水破裂，不利侵入发病。

（4）防治方法　①与禾本科作物实行 3～5 年轮作。②加强栽培管理，合理施肥，提高植株抗病力。③收获后，彻底清除病残体，消灭菌源，同时防止相互传染。④生物防治，用 1%农抗武夷菌素水剂（B0-10 水剂），或 2%农抗 120 水剂的 150～200 倍液喷雾防治，隔 5～7 d 喷 1 次，连喷 3～4 次。⑤化学防治。用 70%甲基硫菌灵可湿性粉剂或 25%粉锈宁可湿性粉剂 1.5 kg/hm^{2}兑水喷雾，隔 5～7 d 喷 1 次，连喷 2～3 次。

二、南瓜虫害防治

瓜蚜是南瓜的主要害虫，属同翅目，蚜科害虫。除为害南瓜外，还为害黄瓜、西瓜、豆类、烟草、甜菜、甜叶菊等。

1. 危害

瓜蚜一般群集在叶背、嫩茎上吸食汁液，分泌蜜露，使叶片卷缩，瓜苗萎蔫，甚至枯死，缩短结瓜期而造成减产。特别是它能传播病毒病，给生产造成严重损失。

2. 形态特征

瓜蚜若蚜共 5 龄，成虫分有翅胎生雌蚜和无翅胎生雌蚜。有翅胎生雌蚜黄色、浅绿色或深绿色，前胸背板及腹部黑色，腹部背面两侧有三四对黑斑，触角 6 节，短于身体。无翅胎生雌蚜夏季多为黄绿色，春秋季为深绿或蓝色。体表覆薄蜡粉。腹管黑色，较短，圆筒形，基部略宽，上有瓦状纹。

3. 生活史及习性

在东北地区瓜蚜一年可发生 10～15 代，秋末冬初瓜秧干枯，有翅雄蚜迁飞到越冬寄主上，产生无翅有性雌蚜，以后产卵越冬。通常在黑龙江、吉林两省的鼠李、紫花地丁及芥菜等植物上越冬。来年春天，当 5 日内平均气温稳定到 6℃以上时，越冬卵孵化为干母，在越冬寄主上繁殖 2、3 代后，于 6 月上、中旬有翅孤雌瓜蚜迁入瓜田。有翅或无翅孤雌瓜蚜整个夏季在瓜上为害繁殖。

冬季寒冷来得早，影响无翅雌蚜成熟和产卵。冬季温度过低，部分寄主枝条冷死，春季孵出的干母会因缺少食物而死。春季骤然降温，能使开始发育越冬卵或已孵出的干母冻死。此外，瓜田普降大雨，可以减少虫量，尤其暴风雨可以造成大批瓜蚜死亡。瓜蚜的天敌昆虫约有 27 种，病菌 2 种。

4. 防治措施

一是使用药剂防治：用 50%抗蚜威可湿性粉剂 150～225 g/hm^2，兑水喷雾，或喷洒 40%乐果乳油 1 000 倍液；二是要注意保护天敌。

三、南瓜田化学除草

目前，适用于南瓜田的除草剂主要有都尔、高效盖草能、精稳杀得、精禾草克、克无踪、拉索、农达、拿捕净、收乐通和威霸等。

1. 72%都尔乳油

主要防治禾本科和一些阔叶杂草，移栽前或移栽缓苗杂草出苗前施药。土壤黏粒和有机质对都尔有吸附作用，土壤质地对都尔药效影响大于土壤有机质的影响。因此，应根据土壤质地和有机质含量确定施药量。土壤有机质含量3%以下，沙质土用72%都尔乳油1.42 L/hm^2，壤质土用2.1 L/hm^2，黏质土用2.8 L/hm^2。土壤有机质含量3%以上，沙质土用72%都尔乳2.1 L/hm^2，壤质土用2.8 L/hm^2，黏质土用3.45 L/hm^2。北方移栽前如有杂草出土，施药时可加72% 2，4-D丁酯750 mL/hm^2，灭掉已出土阔叶杂草。人工喷雾器喷液量300～500 L/hm^2，机动喷雾机喷液量200 L/hm^2以上，对后茬作物安全。

2. 10.8%高效盖草能乳油

防治一年生或多年生禾本科杂草，南瓜苗后从杂草出苗至生长盛期均可施药。在禾本科杂草3～5叶期施药效果最好，在杂草出齐时施药，以免后期杂草生长再进行二次施药，造成不必要的浪费。杂草3～4叶期，用药375～450 mL/hm^2；4～5叶期，用药450～525 mL/hm^2；5叶期以上，用药量适当增加。防治多年生禾本科杂草，3～5叶期，用药600～900 mL/hm^2。人工背负式喷雾器喷液量300～450 L/hm^2，拖拉机牵引或悬挂喷雾100～200 L/hm^2。高效盖草能单用，喷液量用低量，与防治阔叶除草剂混用时用高量。不使用超低容量喷雾，以免因药滴飘移造成邻近地块禾本科作物受害，以及因飘移或挥发导致药效降低。注意风向、风速，风速超过4 m/s应停止作业。应注意周围敏感作物（如小麦、玉米、水稻等），避免发生飘移危害，对后茬作物安全。

3. 20%克无踪水剂

防治禾本科和一些阔叶杂草。南瓜6叶期以后至茎长50 cm左右施药，用量3.0 L/hm^2。人工喷雾器喷液量450～750 L/hm^2。喷雾器喷头加安全防护罩，降低喷头高度，定向喷雾。切忌药液雾滴接触南瓜，以免引起药害，对后茬作物安全。

4. 48%拉索乳油

防治一年生禾本科杂草和某些阔叶杂草。南瓜移栽前或移栽缓苗后杂草出土前施药。拉索药效受土壤质地影响比有机质大，土壤有机质含量3%以下，沙质土用量4.1 L/hm^2，壤质土用量5.25 L/hm^2，黏质土用量6.0 L/hm^2；土壤有机质含量3%以上，沙质土用量5.25 L/hm^2，壤质土用量6.0 L/hm^2，黏质土用量7.1 L/hm^2。人工喷雾器喷液量300～500 L/hm^2，对后茬作物安全。

5. 41%农达水剂或74.7%农民乐水溶性颗粒剂或10%草甘膦水剂

防治一年生或多年生禾本科杂草和某些阔叶杂草。南瓜苗后6叶期至茎长50 cm左右施药，用量 41% 农达水剂 1.5～3.0 L/hm²，或 74.7% 农民乐水溶性颗粒剂 0.75～1.5 kg/hm²，防治多年生杂草用 41%农达水剂 4.5～6.0 L/hm²。喷雾器喷头加安全防护罩，降低喷头高度，定向喷雾。切忌药液雾滴接触南瓜，以免引起药害，对后茬作物安全。

思考与练习

1. 南瓜有哪些作用与功用?
2. 南瓜对环境条件有哪些要求?
3. 南瓜如何选地、整地与施肥?
4. 南瓜在播种与育苗上有哪些技术要求?
5. 南瓜适时收获标准有哪些?
6. 南瓜常见病虫草害有哪几种?

第五章 甜 菜

学习目标：

◆通过学习理解掌握甜菜生产的意义与栽培区域

◆掌握甜菜的形态特征与生物学特征

◆掌握甜菜的栽培技术及病虫草害防治方法

第一节 概 述

甜菜属藜科甜菜属两年生草本植物，古称忝菜，是我国重要的糖料作物之一。2007 年全世界甜菜种植面积达 517.6 万 hm^2，产糖总量 2.47 亿 t，单产 47 700 kg/hm^2。我国 2009 年全国甜菜种植面积达 15 万 hm^2（1991 年最高达 78.3 万 hm^2），产糖总量 900 万 t，单产达 40 800 kg/hm^2。

一、甜菜的应用价值

食糖除直接食用外，又是食品、饮料、医药等工业的重要原料。据不完全统计，与食糖有关的产品有 65 类 2 300 余种。可见，种好甜菜，增产食糖，具有重要的意义。

二、甜菜的营养价值

甜菜制糖的副产品，可以综合利用。糖蜜经过发酵或用化学方法处理后能生产酒精、甲醇、丁醇、甘油、丙酮等，为医药、化工、国防等工业提供原料。制糖后的滤泥，含有丰富的营养物质和大量的钙，碱性强，除作饲料，生产水泥、玻璃和用做甜菜保藏的防腐剂之外，还可作肥料，改良酸性土壤，有利于提高嫌酸作物如麦类、大豆、甜菜等的产量和质量。滤泥还能生产优质聚合材料的填充物，代替天然原料——白垩和高岭土。甜菜制糖后的废丝，含有丰富的营养物质，是良好的牲畜饲料，还可以生产果胶、沼气等。

甜菜是两用作物，根供制糖，茎叶可作饲料。据分折，甜菜茎叶干物质的营养价值相当于麦麸，含蛋白质13.5%～15.0%，纤维素14.5%～16.0%，还含有无氮浸出物，主要是糖、无机盐和微量元素。1 kg新鲜茎叶的营养价值相当于0.2个饲料单位（1个饲料单位相当于1 kg大麦或燕麦）。人工干燥的甜菜茎叶，损失营养4%～5%。干燥的茎叶制成粉末，含蛋白质15.5%～17.0%，无氮浸出物60%左右，含有胡萝卜素110～120 mg/kg，主要营养消化率为70%～76%。在国外，普遍用甜菜茎叶的干粉末添加8%～12%糖蜜及一定量的微量元素等制成优质精饲料。

甜菜具有耐旱、耐寒、耐盐碱等特点，适应性和抗逆性强。在某些不良的气候、土壤条件下，都可以获得良好收成，有利于缓和粮糖争地的矛盾。在氯化物或硫酸盐渍化占优势的条件下，栽培作物中最抗盐的是甜菜和向日葵。甜菜抗盐碱临界浓度为土壤总盐量的0.33%～0.65%，抗氯离子浓度为0.05%～0.1%。如果甜菜块根和茎叶产量都为30 000 kg/hm^2，则甜菜从盐碱土中吸收盐分600 kg、氯36 kg。因此，在盐碱地上种植甜菜，可以起到生物脱盐的作用，有利于后作生长。

甜菜是深根系作物，根系具有很强的穿透力。种植甜菜不仅改良土壤深层物理特性，而且在收获后，甜菜的残根、茎叶在土壤中腐烂，能增加土壤有机质。

甜菜又是高产经济作物，增产潜力大。如果甜菜块根产量为30 000 kg/hm^2，含糖率为16%时，可生产食糖3 900 kg，产糖蜜1 500 kg，可生产味精345 kg，产滤泥3 000 kg，作肥料施0.5 hm^{2}等。

三、甜菜产区分布

我国适于种植甜菜的区域广大，既可在北方春播栽培，又能在黄淮流域夏播，还可在长江以南1月份平均气温5～8℃的地区秋冬种植。根据我国的自然条件，可划分为春播和夏播两个集中栽培区。

1. 春播甜菜区

春播甜菜区主要分布在北纬35°～48°、东经80°～132°的一年一熟地区。种植面积占全国甜菜总种植面积的95%以上。按地理位置又分为以下几类：

（1）东北春播区　集中在黑龙江和吉林两省的松嫩平原、东北地区的三江平原、吉林省西部、内蒙古自治区东部和辽宁省西部地区。甜菜种植面积约占全国甜菜总种值面积的70%（其中东北地区占全国甜菜总种值面积的60%左右），是全国最大甜菜产区。本区地处温带、寒温带高纬度地区，属于大陆性气候，光、热、水、土等条件都适于甜菜种植。全年无霜期120～179 d，全年日照2 500～2 800 h。秋季晴朗，气温日较差大，达9～13℃，有利于糖分积累。全年降水量400～700 mm，由南向北，由东向西逐渐减少。除甜菜幼苗期降雨量少外，降水期同甜菜需水量基本一致，能满足甜菜生育期需要。本区土壤多为黑土、黑钙土、草甸土，地势平坦，土层深厚，自然肥力较高，但因种植甜菜年限较长，地力消耗严重。东北春播区为一年一熟制，全部实行垄作栽培，行株距较大，影响甜菜块根产量和含糖率。

(2) 华北春播区　主要分布在内蒙古自治区的中部土默特平原和西部的河套黄灌区以及山西省的北部、河北省张家口等地区。甜菜种植面积占全国甜菜总种植面积的15%，其中内蒙古自治区甜菜种植面积最大，约占全国甜菜总种植面积的12%，种植面积和总产量都居全国第二位。本区的气候特点是冬季严寒、干燥，大陆性气候强烈，气温变化急剧。无霜期120～140 d，甜菜生育期气温日较差较大，7—9月为13～14℃。日照充足，辐射热量大，全年日照2 800～3 200 h，有利于糖分积累。大部分地区年降水量虽然只有300～370 mm，如有灌溉条件，甜菜产量和含糖量较高。本区土壤主要有淡栗钙土、栗钙土、暗钙土和黄垆土，适于种植甜菜。本区一般为一年一熟制，前作多为春小麦、莜麦，4年为一轮作周期。因轮作周期短，消耗地力多，种植甜菜需增施肥料。普遍实行平作。

(3) 西北春播区　主要分布在新疆玛纳斯河、伊犁河流域，甘肃河西走廊和宁夏的黄灌区。种植甜菜面积占全国甜菜总种植面积的10%左右。本区属于温带强大陆性气候，为干旱和半干旱地区。甜菜生育期气温较高，生育期长达180 d左右。日照充足，辐射热量多，全年日照3 000～3 400 h，气温日较差大，糖分积累期达14℃以上。土壤为棕钙土、灰棕漠土、灰板土、二潮土、栗钙土以及盐碱土等。主要是一年一熟制，轮作周期4～8年，普遍实行平作。本区生态条件最适于发展甜菜，是我国甜菜高产、高糖区，也是我国糖料生产和制糖工业重点发展地区。

2. 夏播甜菜区

主要分布在北纬32°～38°的山东半岛、苏北、陕西的渭南、山西运城以及河北南部的两年三熟或一年两熟地区。种植面积占全国甜菜总种植面积的2%左右。无霜期220～260 d，降水量为450～800 mm。糖分积累期气温日较差为11～12℃，生育期日照1 100～1 300 h。土壤有褐土、棕壤、黄棕壤、潮土以及滨海盐碱土等。夏播区一般利用小麦、油菜茬种植甜菜。甜菜种植方式有平作、畦作、垄作或平播后起垄。夏播区甜菜轮作周期短，消耗地力严重，种植甜菜需重视施肥，特别需增施农家肥，以补偿土壤有机质。是20世纪70年代发展起来的甜菜栽培区。

第二节　甜菜栽培生物学基础

一、甜菜的形态特征

甜菜形态如图5—1所示。

1. 根

甜菜由主根肥大而形成的肉质块根，以楔形、圆锥形、纺锤形和锤形为主。块根分为根头、根茎和根体三部分：根头上部与根茎相接，根茎下端至主根直径 1 cm 处为根体，直径 1 cm 以下的称根尾。根体两侧各生有一条根沟，生长大量须根。含糖量以根头最低，根茎较高，根体最高。从根体横断面看，以中层含糖最高，内层次之，外层最少。出苗时幼根向土壤深处延伸约 15 cm，在生出两对真叶时主根入土深度达 30 cm，侧根 5～10 cm。到收获时主根入土深达 2 m 左右。

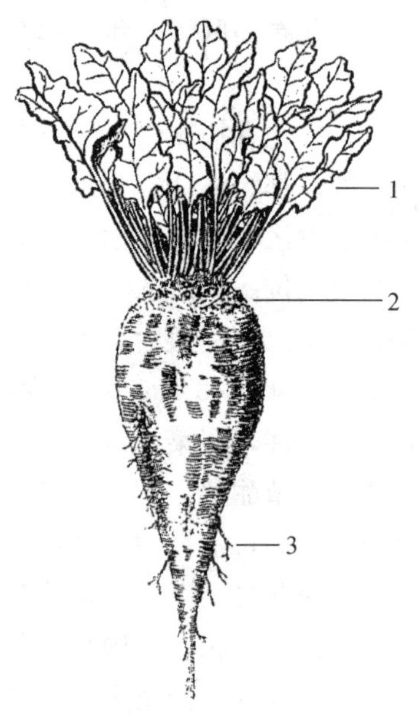

图 5—1　甜菜

1—叶　2—块根　3—须根

2. 叶

叶是甜菜的主要光合作用器官，由叶片（叶身）、叶柄组成。叶片上存在叶脉，并由叶柄同块根的维管束连接，把光合作用产物输送到块根中，又将生长过程中需要的营养物质和水分送至叶片。

在整个营养生长期中，增长块根和积累糖分（主要是蔗糖），有 90%～95%来源于叶子的光合产物。甜菜叶子通过蒸腾作用把土壤中的水分和营养物质沿着输导组织向上运输，供生长发育，还可以调节甜菜体温，防止受热灼伤。甜菜叶子细胞有吸收低浓度营养物质的作用，可以通过根外追肥，调节甜菜营养状况，提高光合作用的强度，促进增产高糖。

甜菜叶子形状、生长速度、叶子的大小和寿命，都受品种和栽培条件影响。丰产型品种和多倍体品种的叶片大，叶色浓绿，皱褶多；高糖型品种和二倍体品种叶片较小，叶色淡绿或绿色，叶片光滑。土壤肥沃、营养面积较大或灌溉栽培甜菜多为犁铧形、盾形和舌形叶，叶片面积大，寿命长。叶色多为绿色或浓绿，叶表多皱褶，俗称核桃纹叶，是丰产甜菜长相。

种植甜菜的首要任务是通过各种栽培技术促进甜菜早发棵，延长功能叶片的寿命，保护叶片不受损伤（机械损伤或病虫危害），提高光合作用强度，为甜菜丰产高糖打下良好基础。

3. 种子

农业上所称甜菜种子，就植物学概念而言，并非种子，而是果实。甜菜种子有单果种（单粒种）和复果种（多粒种）之别，单果种子属于瘦果，复果种子属于聚花果。甜菜种子形态与构造的特点，是确定其播种技术与创造适宜土壤环境的重要依据。复果型种子是由 3～5 个（多者达 7 个）果实合生聚花果，表观呈不规则球状，亦称种球。一粒复果种子播种后可发出几个芽，形成几棵苗，但给机械化栽培带来了困难；单果种子略呈盘状，内含一个真正种子，只发一个芽，是机械化栽培的理想种子。无论单果种子或复果种子，因其外部皱缩而不规则，又有宿存木质化花萼，致使机械播种不顺畅，须研磨处理。

二、甜菜的生物学特性

1. 生长期的划分

甜菜营养生长期个体发育过程划分为幼苗期、叶丛形成期、块根增长期、糖分积累期等四个时期（见表5—1）。

生育阶段实际上是连续的，并且也有相互重叠的情况。如糖分的积累伴随着整个生育期，叶丛形成时块根亦在增长，根部快速生长时仍在发生新叶。因此，明确生育时期的划分是困难的，仅能根据形态与主要生长特点相对地划分出不同的生育时期，以利于采用相应的促、控技术措施，达到丰产高糖目的。

表5—1　　甜菜的生育时期

幼苗期	由出苗至幼根直径达0.5 cm左右所历经的时期，称为幼苗期。这一时期持续30～35 d，至6月10日左右，可形成10余片叶子。此期叶的发生速度缓慢，根系发育快，主根可深达60 cm左右。与此同时，进行根组织的分化和形成。在2～4对真叶出现时，幼根进入脱皮期
叶丛形成期	6月10日至7月20日左右为叶丛形成期，约40 d。此期为急剧地形成地上部的阶段，光合产物主要用于建造同化器官，田间郁闭，已达繁茂期。根部亦在增长，并积累一定糖分
块根增长期	7月下旬至8月末，为块根增长期，亦持续40 d左右。此期为充分形成的同化器官生产大量光合产物、促进根部生长的阶段。生长特点是地上部新叶形成减弱，运向根部干物质增多，进行根的快速膨大生长。糖分亦在增加，但其积累强度远不及根的增长强度
糖分积累期	糖分积累期始于9月至10月上旬，为期36 d左右。此期由于气温降低，外部叶逐渐枯死，干物质由地上部向根部转移，主要以蔗糖形式蓄积在根部，加之根系吸水减弱，块根中糖分显著上升。糖分积累期仍在缓慢地发生新叶，块根亦少量增长。临近收获时，糖分积累速度亦逐渐放慢，根中可溶性非糖物质降至低限，糖分与纯度均达整个生育期最高水平，此期又被称为工艺成熟期，是甜菜收获适期

2. 种子萌发的条件

甜菜种子由其构造特点与生物学特性所决定，对萌发条件要求方面有其特殊性。

（1）水分　甜菜种子为木质化的花萼与果皮所包被，所以其萌发时的最低吸水百分率（120%～170%）明显高于一般作物（水稻22.6%、小麦60.0%、玉米39.8%、大豆107%）。水分是控制种子发芽与否的最重要因子。种子在开始萌发时，必须先吸收大量水分后，其他生理生化变化才能逐渐开始。如水可以使果皮和种皮柔软，胚易长出来，干燥的果皮和种皮不易透过氧气；种子吸水后氧气便易透入，增强呼吸，促进发芽，未萌动种子的原生质胶体成凝胶状态，很不活跃，只进行微弱的转化和呼吸过程，吸水后才转变为溶胶状态，代谢加强。胚和胚乳吸水后，体积膨胀，可使种子破裂，果盖脱落，种子萌发并开始生长时，必须将储藏物质转变为可溶性物质，运输到生长部位，这些物质的转变和运输都需要水分，所以播种床的土壤水分对种子发芽快慢和发芽率有很大的影响。

（2）氧气　甜菜种子发芽时，呼吸作用相当强烈，所以氧气是种子发芽时不可缺少的条件。在缺氧条件下，甜菜种子只通过无氧呼吸来供给萌发所需要的能量，在短时间内要消耗大量有机物质，降低能量利用率，同时无氧呼吸产物——酒精会使种子胚中毒。如果播种过深，其后地面又被雨水溅打板结，则不易发芽，又如播种在过湿土壤中的种子，因氧气不足而抑制萌发，且在这种情况下土壤中一些厌气性微生物得到大量繁殖，加大种子感染病害的机会，易使种子感病害，发生霉烂，而导致缺苗。

(3) 温度　种子在吸收足够水分和获得充分氧气以后，还需有适当的温度才能萌发。甜菜种子具有在低温甚至1℃下也能发芽的特性，这为早播提供了依据。但温度过低，发芽迟缓，幼苗细弱，易感染立枯病。甜菜发芽的最低温度为4～5℃，最适温度为25℃，最高温度为28～30℃。

种子发芽速度与温度的关系是，温度低发芽时间长，在适温范围内，发芽日数随温度升高而减少，见表5—2。

表5—2　甜菜种子发芽速度与温度的关系

温度（℃）	1～2	3～4	6～7	10～11	15～25
日	45～60	25～30	10～15	8～10	3～4

根据甜菜种子萌发与温度的关系，当早春5～10 cm土层温度达5～6℃时，即可播种。

甜菜种子的发芽，只有萌发外界条件搭配适当，才能顺利进行。只有通过伏秋深翻，精细整地，创造水、气、热三相适宜的良好耕层，才有利于种子萌发。

3. 根系发育

甜菜为主根系，属深根作物。其特点是主根发育得好，并由主根发出大量侧根。甜菜的根系由主根、侧根和支根组成。主根由胚根发育而来，并且通常在土壤中呈垂直状态，向土壤下层扎入很深。由根体腹沟和主根直接发生的根为侧根，所有侧根亦可称为须根。

4. 叶生长

块根形成与其中糖分的积累，在很大程度上与同化器官发育有关。因此，每株甜菜叶数量、其发生与枯萎强度、叶寿命长短、同化面积的大小等，都是影响甜菜产量的重要因素。

甜菜子叶露出地面至第一对真叶完全展开的这段期间叫做“子叶期”。子叶一般长约2.0～2.5 cm，宽为0.6～0.8 cm，其面积约为1.0～1.5 cm^2。子叶面积虽小，但是第一对真叶展开以前的唯一同化器官，对幼根生长、真叶形成具有重要作用。子叶存活期长达30 d左右，直至长出8～10片真叶时才失去同化作用。如子叶为虫所伤，会明显地影响幼苗生长及产量的形成，见表5—3。

我国北方甜菜区，甜菜植株总叶量随生育进程而增加。一般从6月中旬叶量开始激增，进入7月份在高温多雨条件下，叶生长最迅速，至8月上旬、中旬叶量达整个生育期高峰。可是，8月份往往由于褐斑病、甘蓝夜盗虫大发生，叶重骤然下降。到9月上旬、中旬，因褐斑病减弱，新叶发生，叶量又有所增加，但叶的这种境况并不利产量的形成。生产实践证明，秋季枯叶或脱叶率小的甜菜植株，产量高，含糖多，栽培水平高的甜菜地块上，在糖

表 5—3 甜菜子叶伤损对幼苗生长和根产量的影响

处理	株高（%）	叶数（%）	根茎粗（%）	百株重（%）	单株根重（g）	与 CK 比（%）
CK	100	100	100	100	795	100.0
摘除双子叶	63	72	53	26	695	87.4
摘除一片子叶	81	85	67	58	725	91.2
摘除双子叶的 1/2	72	72	64	48	705	88.7

分积累期，仍保持 20～30 片叶片，田间不出现“开垄”现象。

供水良好，有利于生长。叶扩展快，叶量大，一般灌溉栽培的甜菜，较旱作甜菜叶面积大，单株叶重增加 1/3 以上，并在整个营养生长期中保持着大量的绿色叶片。在气候干旱、高温和供水不足的情况下，则会抑制甜菜的生长，叶片提早衰亡。

甜菜种植密度过大时，则株间郁蔽严重，提高了田间小气候的温湿度，降低了透光度，导致叶片变薄，叶柄细弱。因而，叶片寿命短，特别是下层叶片受害更严重，较正常密度下植株叶片提早死亡，近而降低甜菜产量。

5. 叶、根生长与糖分积累关系

（1）叶、根重增长　甜菜植株地上与地下部分发育之间存在一定的生物学联系。所有甜菜产区，不以品种特性、天气或其他条件为转移，均表现出这种联系。于生育初期，叶器官较块根生长迅速。这一时期叶重与根重之比值最高。到生育中期块根生长相对加快，而叶重与根重之比值逐渐减小。在生育前期甜菜地上部生长迅速，至 7 月上旬叶干物重日增长量达最大值（2.17 g/株），此后日增长量逐渐减少。

在叶量激增期，根部生长较为缓慢。从 7 月中旬起，根部加速膨大生长，以 8 月上旬根部生长最快，平均块根干物日增长量达 2.38 g，8 月下旬块根增长强度减弱。

由于甜菜生育前期茎叶生长快，必须为其创造良好的生育环境，供给充足的养分和水分。只有形成繁茂的叶丛，才能为块根高产奠定坚实基础。

（2）根中糖分积累　甜菜块根中糖分的积累，在整个生育期里是连续进行的。叶丛形成期、块根增长期和糖分积累期，平均每 10 d 根中糖分积累强度分别为 0.5、0.7 和 0.9 个糖度，即生育中期糖分积累缓慢，而后期加快。通常 7 月份根中含糖率可达 10%左右，8 月份增到 13%左右，而收获时含糖率可达 16%以上。

在黑龙江省北部和东北部地区，生育后期甜菜根中糖分由繁茂期的 13%左右提高到 18%～19%，见表 5—4。在糖分积累期，糖分积累的规律是每 10 d 增长 1.5 个糖度左右。

气候是对块根化学成分产生强烈影响的非常重要的因素。不同栽培地区的块根含糖率是有很大差别的。

（3）叶、根增长与糖分积累的关系　甜菜块根增长和糖分积累，是以地上部生育状况和光合产物为基础的。因而可通过光合产物（以干物质计）形成与分配动向，看根叶增长与糖分积累的关系。由图 5—2 可以看出：在幼苗期（6 月 10 日前），叶、根干物质均处于缓慢增长阶段。随着生育进程，叶部干物质增长速度逐渐增加。进入叶丛形成期（6 月 11 日至

表 5—4　　甜菜生育后期块根中含糖率积累情况　　(%)

县别	8月20日	9月10日	9月20日
北安	13.3	15.9	17.6
绥棱	12.5	15.1	16.8
桦川	14.1	15.7	17.7
桦南	14.2	15.9	17.4
勃利	12.8	16.1	17.8
平均	13.4	15.8	17.5

7月20日）后，叶部干物质增重最快，平均为1.65 g/株·日，而此时根部干物质增长速度仅为1.18 g/株·日，自叶丛形成后期，根部干物质增长加快，块根增长期，以2.03 g/株·日干物质增长速度，进行快速的根体膨大生长，此时叶部干物质（含枯叶干物质）增长速度小而平缓，仅有0.53 g/株·日，即7月下旬以前，植株干物质分配以叶部为主，其后以块根为主。这说明，在甜菜生育初期，首先通过叶的快速发生与急剧生长，促进地上部的形成。其次，由充分形成的同化器官生产高额干物质阶段。这一时期地上部新叶形成减弱，叶丛维持一定繁茂状态，运向根部干物质增多，促进根体的膨大生长。

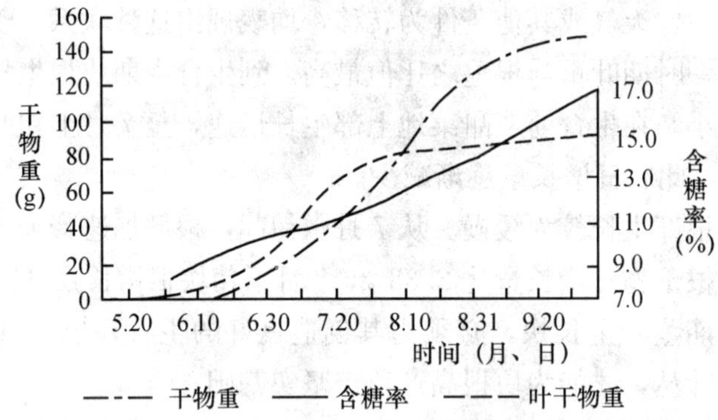

图 5—2　甜菜根、叶干物质增长与糖分积累动态

在整个生育期，以甜菜产量40 500 kg/hm^{2}以上计算，用干物重做基础，叶丛与块根合理比值的变化大致为：6月中旬2.4∶1；7月中旬1.6∶1；8月中旬0.83∶1；9月中旬0.65∶1；9月末0.63∶1。叶、根比是衡量地上部与地下部合理生长指标，不能表明叶、根绝对重量大小。

上述叶、根干物质增长及糖分积累动态表明，在甜菜个体发育过程中，生长中心因时而异，出现两次生长中心的转移，在幼苗期和叶丛形成期，生长中心在地上部，7月20日左右生长中心转至根部，此时器官生长速度和有机物运输方向，均由叶丛占优势而转变为以块根为主。

在糖分积累期，糖分积累强度明显高于叶、根干物质积累，生长中心由根体结构生长转至糖分积累，运至根部的光合产物主要以蔗糖形式蓄积起来，至9月末含糖率达16%以上。

根据甜菜个体发育规律，进行生育调控，促进同化器官尽快建成，促使生长中心提早转入根部，控制块根增长期叶部过旺生长，并在糖分积累期保持一定的光合面积，即可提高甜菜的产糖量。

6. 甜菜合理施肥的生理基础

（1）需肥规律　甜菜是需肥量大的作物，对氮、磷、钾的需要，分别较谷类作物多1.6～2.0、2.0和3.0倍。每生产1 t甜菜，需吸收氮4.5 kg、五氧化二磷1.5 kg和氧化钾5.5 kg，其比例约为1.0∶0.3∶1.2。氮、磷、钾的施用比例，则应根据土壤肥力和肥料利用率等因素确定。

甜菜对三要素的需求量，因生育时期的不同而不同。

幼苗期，即出苗后30～40 d，因气温较低，幼苗生长缓慢，所吸收营养物质仅为全生育期吸收总量的15%～20%。但此期甜菜对养分非常敏感，特别是磷素营养，播种时施入一定量磷和少量的氮作种肥，对根系发育和幼苗生长具有明显的促进作用。

叶丛形成期，植株生长加快，需要较多碳水化合物和营养元素。随着地上部迅速扩大和根部的生长，需吸收大量营养元素，尤其对氮吸收量明显高于磷和钾。此期，对氮的吸收为生育期吸氮总量的71.9%，吸收磷为总量的49.5%，钾为总量的53.3%。

块根增长期，是繁茂同化器官生产大量碳水化合物并向块根转运的时期。这个时期，碳代谢很旺盛，此时需要有良好的氮素营养，来延长叶片功能期，提高光合效率，促进块根增长和糖分积累。此期应保证磷、钾供应，以促进光合产物运转，提高光合作用效率。

糖分积累期，由于气温降低，根、叶生长缓慢，此时光合产物主要以蔗糖形式运向根部储积起来。此期尚需一定量磷、钾营养。

在生产实践中，应根据甜菜生育特性和需肥规律，进行合理施肥。

（2）合理施肥

1）根据计划产量确定施肥量　为使甜菜高产，必须合理施肥。所谓合理施肥，就是要查清土壤肥力情况，并根据计划产量对肥料的要求，确定施肥量，可使施肥建立在科学基础上，既可保证甜菜对肥料的需要，又可避免浪费肥料。

2）观天看地与因苗施肥　天气影响施肥的因素主要是温度、降雨和阳光。温度过高时，甜菜生长旺盛，需要较多养料，也促进了肥料的分解和转化。因此，高温季节应通过追肥供给充足养分。降雨可以影响土壤水分，甜菜吸收的营养物质必须溶解在水里。湿度较大有利于土壤微生物活动和营养物质分解，提高肥力。所以，施肥最好配合着降雨和土壤水分状况。在干旱的条件下，施肥的效果不大。阳光是作物进行光合作用不可缺少的条件，矿质营养与光合作用过程进行以及光合产物运转均有密切关系。另外阳光可以提高温度，促进植物生长，在这种情况下，就要求供应较多的肥料。

看地施肥，是根据土壤特性，进行科学施肥。对于冷性土壤，施用马粪等热性肥料为好；酸性土壤宜施碱性和石灰肥料为好；沙质土壤施用黏性肥料如细土垫圈肥等为好。更重要的是根据土壤中营养元素的短缺来施肥，即缺哪种元素就施哪种肥料。

因苗施肥，是在甜菜生育期间，根据缺素症状和植株营养诊断结果，补施肥料。

在甜菜施肥上，应以有机肥料为主，有机肥料和无机肥料配合施用。根据甜菜需肥特点，应将氮、磷、钾无机肥料以适当的比例配合施用。

3）改进化肥施用方法，提高肥料利用率　一般氮、磷化肥损耗的主要原因是氮素流失和磷被固定。化肥施用改撒施为沟施或穴施，改浅施为深施（10 cm 左右），把粉状肥制成粒肥、球肥，改单一肥料为复合肥料，以及化肥与有机肥混合施用，都可提高肥料的利用率。钾肥移动性较小，所以作追肥时，应集中施于甜菜根区附近。

第三节　甜菜栽培技术

一、甜菜丸粒种

种子丸粒化是用加工设备给种子包上一层种衣，制成大小一致的丸粒种子。它是近年来兴起的加工处理种子的新技术。丸粒种又叫包衣种，目前已在棉花、玉米、麦子、甜菜等旱作物及蔬菜上开始推广应用。

1. 丸粒种的优点

（1）种子丸粒规范化，便于机械播种，也能满足气吸式精量点播机的要求。

（2）丸粒种都使用单粒种，不仅解决了多粒种球出苗多、幼苗拥挤、争光争水争肥的矛盾，使幼苗营养面积大，生长健壮，而且减少了间苗、定苗用工，减轻了劳动强度。

（3）由于种子包衣材料中加有杀菌剂、杀虫剂和稀土微肥等，播种后遇水膨胀，被土壤和小苗吸附、吸收，可防治立枯病、象甲等病虫危害，促进甜菜生长。

（4）节约种子 30%～50%，尽管丸粒种单价较贵，但费用与多粒种相当，可提高种子利用率。

2. 丸粒种的制作技术

甜菜丸粒种制作包括机制单粒种加工和丸粒化加工两个步骤。

（1）机制单粒种加工工艺及相应机械

1）工艺程序　聚合果甜菜种→拣石→种球光磨→筛选分类

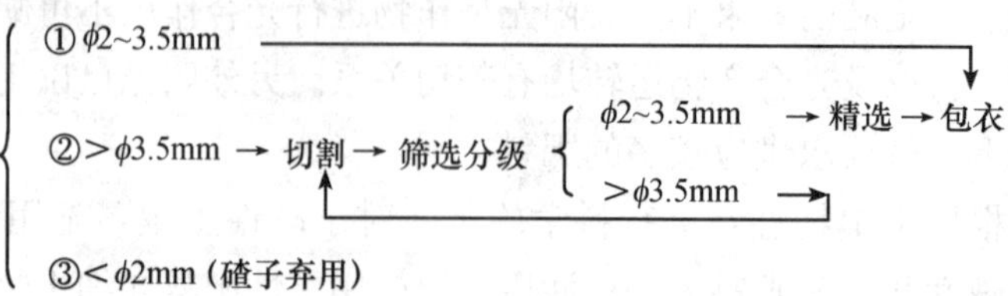

2）加工机械　①拣石机，型号 JX－280；②种子光磨机。光磨目的是去掉种球外部的

木质花萼及棱角、毛刺等，增加种子散落性和流动性。可用 D300－1 型立式碾米机代替，要求转速 800～1 100 r/min；③种子筛选机，安两层筛，分 3 级；④种子切割机，是关键设备之一。作用是将大粒多粒型种球切割为 2～3 个单粒种。可选用 TZG－376 型种子切割机；⑤重力精选机。经过筛选种子只能做到尺寸合格，但对无仁种无法分开，所以要用重力精选机除去空壳，提高种子纯度。

（2）丸粒化加工工艺及相应机械

1）工艺程序

配料 → 包衣（分层）→ 烘干（或晾晒）→ 筛选分级 { $<\phi3$mm（返回包衣）；$\geqslant\phi3$mm → 包装 }

2）主要机械　①包衣机，选用 BT－1000 型或 6ZYT－750 型种子包衣机；②筛选机，可用前面的筛选机，但要换筛底。

（3）包衣材料

1）农药　5%甲基硫环磷和敌克松，防治立枯病和象甲。

2）稀土和微肥　硝酸稀土和锌、锰、硼、钼、铜等微量元素肥料。

3）包衣材料　①黏结剂为桃胶；②透气吸水材料为锯末（过筛）；③成型剂为硅藻土和膨润土。

上述各种材料的选择和使用数量，应根据各地的病虫害种类、土壤中各种元素的丰缺情况及气候特点而定。

（4）丸粒种主要技术指标

1）单粒种率　70%以上。

2）直径　3～3.5 mm。

3）千粒重　43 g。

4）抗压强度　1 000 g/粒。

5）软化时间　浇水 3～5 min。

3. 甜菜丸粒种使用注意事项

（1）整地水平要高，地表平整，土壤细碎。

（2）墒情好，土壤含水率在 15%～20%，以促使包衣及时软化，保证出苗。

（3）播种深度要控制在 3～4 cm，行距 40 cm，播种量 15 kg/hm^2 左右。播后视墒情镇压保墒。

二、地膜覆盖栽培

甜菜地膜覆盖栽培是一项新的农业增产技术。地膜覆盖栽培改变了环境条件，使光、热、水、肥、土等因素彼此协调，达到改善生态条件、促进根系发育、增强其吸收能力、加速甜菜早发棵、扩大绿色面积、提高光能利用率的目的。通过地膜覆盖，能够增温保墒，保持土壤疏松，抑制杂草滋生，抑制盐碱上升，促进甜菜早发、全苗、壮苗，提早成熟，减少病虫害，达到增产、增糖、增效益的目的。

1. 地膜覆盖对甜菜生长的影响

地膜覆盖对甜菜生长发育的影响主要表现在：

(1) 生育期提前　覆膜具有多种功能，尤其重要的是提高地温保墒的作用，促进种子早发芽、早出苗。一般来说，覆膜比露地直播出苗提前 8～10 d，其他生育期也相应提前。

(2) 根系活力增强　地膜覆盖对甜菜有护根和促进根系发育的功能。覆膜甜菜的根系比裸地发达，因而根系总吸收面积比裸地高。

(3) 叶片生长速度快　地膜覆盖提高了光能利用率，因而对块根增大和产量提升有很大促进。

2. 播前准备

(1) 选地　地膜覆盖栽培甜菜，应选择地势平坦、排水良好、土壤微碱性，而且土质疏松、土层深厚、肥力中等的土地。黏重的胶泥地和重碱地不宜种甜菜，但重碱地可育苗移栽。前茬种玉米、小麦、谷子较好，山药、葵花也可以，但甜菜一定要实行四年轮作制，防止重茬迎茬，否则病虫害严重，块根产量和糖分都会降低。

(2) 整地与施肥　甜菜种子小，拱土能力弱，所以整地要细，底墒要足。整地质量好坏直接关系到覆膜效果。因为整地质量差，田间坷垃多，给覆盖膜增加了困难，同时地膜覆盖不严，容易透风，降低了覆膜效果。一般要求在深耕基础上进行耙耱作业，达到破碎土块、疏松土壤、平整地面、防止水分蒸发、保蓄土壤水分的目的，为种子出苗创造良好条件。种植甜菜地块要秋深翻 30 cm，施农家肥 30 000～45 000 kg/hm^2，如果地力差、肥料少，需集中施肥。必须施磷肥，用量 525～750 kg/hm^2，还可用硝酸铵 37.5～75 kg/hm^{2}做种肥，但化肥和种子不能接触，以避免“烧苗”。

(3) 药剂拌种，防治病虫害　甜菜苗期的病虫害较多，因此要搞好药剂拌种。其方法是每 50 kg 种子用 35%甲基硫环磷乳油 1 kg，兑水 40～50 kg，闷种 24 h，可以防治象鼻虫、蛴螬、金龟子等苗期害虫。另外，在施用磷肥做种肥、促进幼苗健壮的基础上，可按每 50 kg 种子再拌五氯硝基苯或退菌特 0.25 kg，可防治甜菜立枯病。如幼苗期虫害较多，还应喷洒 500～1 000 倍的甲基硫环磷液或其他杀虫剂。有条件的地方可采用稀土拌种，其方法是：在用甲基硫环磷闷种时，每 50 kg 种子再同时加入 1 kg 稀土，有一定的增产作用。

3. 播种技术

(1) 精细整地　必须做到地平、土细、疏松、上虚下实，这是保证早出苗、出全苗的重要环节。

(2) 播种时间　播种时间过早、过迟都不利于甜菜的生长发育，而以 5 cm 深的土层达 5℃时为甜菜的播种适期。

(3) 播种方法

1）先播种后覆膜 可采用深开沟、浅覆土的方法，覆土深度 3 cm。

2）先覆膜后播种 先用木棍打一个孔，然后播种，3～4 粒/穴。注意在打孔时开口处的开口膜不要压在种球上，开口处一定要用土封好。

为了保证出苗和全苗，一定要有良好墒情。先播种后覆膜者，可先开底沟、浇足底水再播种。先覆膜后播种者，可进行浇穴水播种，平作区实行宽窄行栽培，穴距 23～27 cm，宽行行距 40 cm，窄行行距 30 cm；垄作区穴距 20 cm。不论采用哪种方法都要将膜孔用土封严，做到拉紧、铺平、压严，防止走风漏气。膜上每隔 5～7 m 压一土带，并要随时检查，对破口处及时用土封严。

4. 田间管理

（1）放苗 甜菜播种后，要经常查田，发现覆土不严处，及时取土压埋，以防透风和地膜上下扇动，磨损地膜。当幼苗长到离地膜 1 cm 时，及时开孔放苗。地膜紧贴种穴处，见苗出土即开口放苗，否则会烤伤幼苗。开口一般用刀片和剪刀，将种穴地膜抠出 5～6 cm 孔洞，使甜菜幼苗露出，然后用土将孔洞周围地膜压严。破孔放苗时间应在下午 3 点以后，或前一天打开小孔进行炼苗，第二天再把苗掏出。

（2）适时揭膜 为了便于覆膜甜菜后期生长和防止根腐病发生，在出苗后 50 d 左右，甜菜进入繁茂生长期时揭膜。在垄的一端揭出膜头，随后适当绷紧薄膜，轻轻抖动，使膜土分离。

（3）揭膜前后管理 揭膜前若发现杂草，在杂草 3 cm 时，可采用土压草方法除草。揭膜后及时中耕除草，封垄时要耥碰头土，以减少“青顶子”，避免降低产量和含糖量。

（4）防治病虫害 甜菜虫害主要是幼苗期的象甲和金龟子，病害主要是立枯病和褐斑病。

（5）收获 地膜覆盖甜菜与露地相比，以提前 10～15 d 收获为宜，否则会影响含糖量和产量。收获前 20 d 内不要再浇水，否则糖分将明显下降。

三、纸筒育苗移栽

甜菜纸筒育苗技术是 20 世纪 70 年代末从国外引进的新技术，采用该项技术可以减轻早春干旱、多风、返盐碱对种子发芽及幼苗生长的影响，是提高保苗率的有效途径。它还可增加有效积温 350～500℃，延长生育期 1 个月左右，提高产量和含糖量，同时还适合机械栽培。目前这项技术已在黑龙江、吉林、新疆等甜菜产区得到应用。

1. 纸筒育苗移栽增产原因

（1）增加了有效株数 育苗地集中，使于防治苗期病虫害，提高保苗率，使苗全、苗匀、苗壮，增加了有效株数，提前封垄，提高了光能和土地的利用率。

（2）延长了生长期 提早育苗延长甜菜生长期一个月左右。土壤低湿地区往往因地湿难以适期播种，若在村里提早育苗然后移栽，可使这个问题得到解决。

(3) 抗旱、抗盐碱，提高保苗率　墒情不好或盐碱较重的地里，直播不好保苗，采用小面积育苗，然后坐水移栽是一种抗灾增收的好办法。

2. 纸筒育苗方法

(1) 育苗地点　育苗地要选在背风向阳、平坦、不易受禽畜危害、管理方便的地方。为提高苗床温度和便于保水，应提前挖宽 1.4 m、深 10 cm 左右的秧畦，铲平底部，让床底早晒太阳，提高温度。

(2) 棚式选择　育苗塑料棚的形式可根据条件选择。

1) 小弓棚　棚架用 3 m 长的竹片弯成（每隔 33 cm 左右插一根），棚内底宽 170 cm，高 80 cm，用宽 3 m、厚 0.06 mm 的农膜覆盖而成。

2) 土坯或砖棚　坐北朝南（像正房），南墙高 33 cm，北墙高 50 cm，南北墙之间内距 1.5 m，东西墙距离可根据需要延长。东西墙顶部预先留下可堵口的通风口，顶部用葵花秆等搭架，用泥抹住，每隔 50 cm 左右 1 根。育苗播种后盖上农膜拉展再用泥压实，拉上绳子加固。

(3) 主要用品准备

1) 育苗纸筒　甜菜需纸筒 60 册/hm^2，有单筒 1 400 个/册，考虑到部分漏播、无苗空筒和少量损耗，所以实栽苗数要在 75 000 株/hm^2 以上，平均需要纸筒 60～90 册。

2) 墩土底板及附件　用长 140 cm、宽 40 cm、厚 3 cm 的硬杂木制成墩土底板。为了固定侧板和加固底板，底板上面两头用 4.5 cm×4.5 cm 角铁与下边 40 cm×3 cm×0.3 cm 扁铁做两道横带，各打两个眼，用螺钉固定好。两角铁内径距离正好是纸筒展开长度 116 cm。角铁再分别开 2 个 2 cm 口，两口内径正好等于纸筒展开宽度 29 cm。外边角各焊 1 个小铁环。

纸筒侧板底长 122 cm，顶长 116 cm，高 13 cm 或 15 cm，厚 2 cm，用于保持展开纸筒装土。

纸筒搬运板为长 116 cm、底边宽 40 cm、侧边高 10 cm 以上、厚 1.5 mm 的铁皮，放在墩土底板上，用于搬运装好土的纸筒。

纸筒拉板是规格 40 cm×3 cm×0.3 cm 的铁板或竹板，用于拉开纸筒。

3) 种子、育苗用土及肥料　种子磨光过筛，筛掉小的种子，精选 4.5 kg/hm^2、发芽率在 90%以上的种子。

育苗用土每册 50～60 kg。要从多年没种过甜菜的玉米或麦茬地里选取肥沃壤质土，不能用黏土、砂土、碱土、生土，更不能用发生过甜菜丛根病的地里土，且不要用草籽多的土。

每册用腐熟农家肥 15 kg，以腐熟的羊粪为最好，每册再加粉碎的磷酸二铵 0.1 kg，若没有磷酸二铵用硝铵 0.05 kg、磷肥 1.5～2.5 kg 亦可。苗床用的土、肥都得打碎混匀，再用 6～8 mm 的筛子筛过，其湿度以手握成团、落地能散为宜。

(4) 纸筒的展开及装土

1）纸筒展开　把纸筒拉板插入纸筒两边商标与纸筒间的缝隙中，两人轻轻往开拉，放在墩土底板与纸筒搬运板上，然后把纸筒拉板两头卡在两侧横头缺口处。

2）装土　把配好的育苗土分三次装入，每装一次后墩实再装。要注意把四周的单筒都装满墩实。然后轻轻放入苗床，摆平，逐个挤紧，两侧的空隙要用土填实。纸筒四周都要用土培上，其高度略高于纸筒顶面，踩实以防跑水。

（5）播种

1）育苗播种期　以 3 月 20 日前后为好，一般不要晚于 3 月 25 日。

2）播种量　一般每筒一粒。

3）播种深度　1.5 cm。

4）浇水　一般每册用水 15～20 kg（一桶）。为提高苗床温度，最好用温水。为防治苗期立枯病，可结合浇水进行苗床土消毒，即按每册用福美双或敌克松 2 g 加入水中。水必须浇透，以床面上的任何单筒可以自由抽出为准。浇水后发现筒内土下陷过多的要加土补足。

5）播种方法　在浇好水的纸筒内，用食指把种子按入土中或用小木棍先扎眼后播种，或用直接做好深度标记的木棍按入种子。要逐行逐筒播种，做到不漏播、不重播，深浅一致。

6）覆土　播完一册，立即用小筛子把配好的苗床土筛在纸筒上，边筛边刮平，然后用扫帚轻轻扫出纸筒边缘，使单筒边缘清晰可辨，便于以后查苗补种和间苗等管理。覆土后如土干可再用备好的水喷洒浇透。

7）加膜盖棚　播种后要随即把塑料膜盖上。小弓棚要固定好竹板棚架，加盖塑料膜，把膜的四边埋入土中踏实，在膜外拉几道绳子，防止风将膜吹破。用土坯或砖棚的，放好葵花秆等支撑物，四周墙上抹上泥，盖上棚膜，拉紧压实再抹上泥，并用几道绳子固定好。

（6）苗床管理

1）温度管理

①出苗前　播种后一周内，采取一切增温、保温措施，提高和保持棚内温度，促进种子发芽，早日出苗。白天温度控制在 25～30℃，夜间尽可能在 5℃以上。一般下午 4 点以后棚上应加盖草帘等保温材料，到次日 8 点以后再揭掉覆盖物，如遇寒流或阴天可不揭覆盖物，这样一般播种 5～7 d 后出苗。

②子叶期　大致在播种期后 10～20 d 内，白天控制温度在 20℃左右，夜间保持在 0～5℃，超过 20℃时应通风降温，防止徒长，更要防止高温烧苗。

③一对真叶期　播后 20～30 d，白天温度保持在 15℃左右，夜间保持在 0℃以上即可。白天气温在 0℃以上时，可整天揭膜通风，夜间气温不到 0℃以下时可不加盖草帘等保温物。

④两对真叶期、练苗期　播后 31～40 d，主要任务是炼苗，就是进行低温锻炼以适应外界气温。没有寒流，夜间温度不低于 0℃时，整天全不盖膜。若意外使幼苗遭受轻微冻害时，可在苗上盖一层报纸，以防阳光直射造成突然升温，让受冻幼苗慢慢复原效果较好。

为掌握棚内温度，在距苗床 10 cm 的高处挂一支温度计，每天 8 点、14 点、20 点观察三次。要看当日极端最低温度，则应在夜间 3～4 点观察，以便根据温度变化进行通风和保温。

2）苗床水分管理　出苗前一般不缺水，子叶期严格控制水分，幼苗不萎蔫不浇水。真叶期，中午萎蔫严重，次日仍难恢复时才浇水。

3）查苗补种　为提高纸筒利用率，幼苗基本出完后，要及时查苗补种。补种利用浸种催出芽种子。

4）间苗　苗出齐后要及时间苗，谨防苗大无法间苗。每个单筒内只能留一苗，间苗不能用手拔，这样会把另一株也带起来，用镊子把多余苗的顶端切断即可。间苗需进行 2～3 次。

5）扫苗　长出真叶后，在揭开膜不影响床温的前提下，用扫帚或麻袋片等轻轻扫苗，开始每天向一个方向扫，以刺激幼苗长壮实。

壮苗标准是：真叶 4 片，叶柄长/叶片长小于 0.7 cm，叶宽大于 1.5 cm，叶长小于 5 cm，下胚轴长小于 0.5 cm，叶色深绿，长势均匀，苗龄 30～40 d。

3. 大田移栽及管理

（1）移栽时间　一般应在 4 月下旬，最迟不晚于 5 月 10 日为好。

（2）移栽前准备

1）选地、整地、施肥　大致和直播甜菜一样，保墒和耕作要更加注意。墒情特好又能及早栽培，移栽时不浇水亦可成活，土壤松软可以使移栽时扎孔省力。

2）移栽前苗床浇水　移栽前苗床要提前一天浇透水，这样才便于单筒分离，也可减少漏土伤根，一般每册浇水 15 kg 即可。

（3）出苗与运苗　从苗床一头开始，先取掉土埂，见到床底后用平锹从底部铲起纸筒端放在车板上，苗与苗挤紧，防止折断或抖散纸筒，运往移栽地中。

（4）移栽方法　一般采用以下四种方法：

1）使用移植器移栽　一人手持移植器将其按规定部位插入土中，再用力攥拉把，把移植器鸭嘴形口张开，将纸筒苗投入移植器，然后抽出移植器，纸筒苗便留在土壤中。

2）扎眼移栽　用一根比纸筒稍粗的木棍，削成圆尖，划上扎眼深度（15 cm），扎眼放苗，使纸筒上缘与地平齐，然后扶正培严，不窝根，不“上吊”，不“跳井”。

3）垄上开沟移栽　在土壤墒情好的情况下，用小铧犁破垄开沟，深 15 cm，在沟内栽入纸筒苗，要栽正、栽直，不露纸筒上缘。

4）穴栽　先刨坑，施粪，然后用小铲或手扒坑栽入纸筒苗，培土按实。平作行距 50 cm，株距 25 cm；垄作行距 60 cm，株距 20 cm。栽苗 79 500～82 500 株/hm^2。

（4）栽后管理

1）浇水　除墒情特好又移栽得较早的地块以外，一般都需及时浇水。缺水的地方采用穴浇，每穴 0.5 kg 水即可。若采用畦浇，浇后要及时中耕松土，保墒增温。

2）查苗补苗　栽后 3～5 d 应及时查苗补栽，以保全苗。

3）防冻 如果5月上、中旬预报有特大寒流，可在苗子周围培些松土减轻冻害，或采用田间熏烟法保温防冻。

4）田间管理 移栽甜菜的生长期提前，要提早追肥。防治褐斑病也要提前进行，中后期保护好叶片不受损害，才能发挥育苗移栽甜菜的增产潜力。

四、稀土应用

稀土在甜菜上的应用技术是国家“六五”科技攻关项目之一。经多年研究试验和生产实践证明，稀土确实可使甜菜增产增糖，经济效果十分明显，是我国甜菜生产的一项新技术。稀土的使用方法简便易行，安全可靠，投资少，见效快。自1986年以来，已在黑龙江、内蒙古、新疆、吉林等省（区）进行了大面积推广应用，全国累计推广67万多 hm^2，增产甜菜200万t，增加食糖20多万t，获综合经济效益达2亿多元，深受广大种植户欢迎。

1. 稀土对甜菜生长的作用

（1）增强甜菜抗逆性能 稀土能增强甜菜的抗旱、抗寒和抗热等性能。甜菜的生长发育，特别是糖分积累与生长环境的温度、水分关系十分密切。一般说，甜菜生长前期怕低温，后期怕高温。苗期如遇冻害，部分叶片要冻死干枯，严重时幼根也会冻死。而在繁茂生长期，特别是块根成熟期，如果气温过高，糖分积累减少，将降低甜菜的含糖量。生育期遇到干旱会直接影响甜菜的光合作用。

（2）促进种子早生快发 稀土能提高甜菜种子的发芽率和发芽势。用1.5％、3％、6％三个浓度的“常乐”牌稀土溶液进行浸种试验，结果其发芽率分别为70.5％、73.9％、75.4％，而用清水浸种的发芽率只有64.8％。同时其发芽势也比用清水浸种的高7％～9％。因此，用稀土处理过的甜菜种子抗寒性好，可适当早播，且出苗早而齐，对甜菜生长十分有利，从而能极大地提高甜菜的产糖量。

（3）增强甜菜光合作用 甜菜施用稀土后皱褶比较多，增加了受光面积。同时，叶绿素含量也明显提高，这有利于干物质的积累和糖分的转化。

2. 稀土使用方法

（1）拌种 甜菜种子最适宜稀土拌量为600 g/hm^2。在拌种之前，首先要根据种子的发芽率、纯净度和保苗株数来确定用种量。黑龙江省甜菜用种量一般为19.5～22.5 kg/hm^2。具体操作方法是称取600 g稀土，加入少量水（1 200 g）充分溶解，然后再加入1 800 g清水配成拌种液，将3 600 g拌种液用小喷壶和喷雾器，均匀地喷洒在19.5～22.5 kg种子上，边喷边翻动种子，使每粒种子都淋上拌种液。其配比为稀土∶水∶种子＝1∶5∶37。拌完后闷上30 min，阴干备用，最好现用现配。

稀土和农药混合拌种试验结果是虫害率为8.42％，防治效果达89.5％，增产率为6.3％。福美双和“常乐”牌稀土混合拌种，防治苗期立枯病的效果可达90％以上，且相互之间没有副作用。“常乐”牌稀土与农药混合拌种有两种方法：

1）先拌农药后拌稀土　把含35％甲基硫环磷乳剂1.5 kg加水30 kg，配成拌种液，用药液喷在100 kg甜菜种子上，均匀混拌，然后再闷8～12 h，闷完后再拌稀土溶液。称取2.5 kg的稀土加水3～4 kg，使之全部溶解，均匀地喷拌在已用农药闷过的100 kg种子上。

2）农药和稀土同时拌种　把农药溶液（1.5 kg药兑30 kg水）和稀土溶液（2.7 kg稀土加8 kg水）分别配制好，在100 kg种子上先喷拌农药溶液，马上再喷拌稀土溶液，充分混拌均匀，然后再闷8～12 h即可播种。

（2）浸种　将450 g稀土兑水36 kg完全溶解，可浸19.5～22.5 kg种子，浸泡24 h后捞出阴干即可播种。浸泡时不能让种子露出水面，以使浸透浸匀。在处理大量种子时可用大缸浸种，以稀土∶水∶种子＝1∶80∶50为宜。稀土浸种增产增糖效果好，并有许多优越性。

稀土浸过的种子不易晾干，影响种子拌药。另外，浸过的种子很容易生芽，如果土壤墒情不好，播种会造成芽干炕籽，影响出苗和保苗。如果土壤墒情较好，湿度够或采用坐水种时，可采用稀土浸种的方法处理种子。纸筒育苗的种子使用浸种，出苗效果也较理想。

（3）叶面喷施　喷施稀土适宜时期为叶丛繁茂的初期至中期，要选择无风、无雨、多云的天气，若晴天喷施最好下午3点以后进行，这样叶面蒸发慢，便于叶面吸收。叶面喷施后24 h内如下雨，需要再补喷一次。

对面积不大的地块喷施稀土，使用背负式手压喷雾工具作业，以正常速度行走即可，用600 g/hm^2稀土兑750 kg水溶解。要先用少量的水把稀土溶解，再倒进桶内进行稀释。如果使用机动喷雾车喷施稀土液，用水量就要减少。中速行驶喷雾车一般喷出溶液150 kg/hm^2，所以，要配成0.4％浓度溶液，飞机喷雾喷施溶液30 kg/hm^2，要配制2％浓度溶液。

甜菜施用稀土的方法应根据当地的自然条件、生态条件、土壤条件、甜菜品种、种植面积、劳动力情况以及工具等进行选择。

3. 稀土应用注意事项

农业生产环境十分复杂，一项先进技术必须根据当地的客观条件因地制宜应用，才能更好地发挥其作用。在甜菜生产中应用稀土也是如此。

（1）稀土不能替代肥料　甜菜是一种需肥量大、吸肥力强、吸肥期长的作物。甜菜在整个生育期吸氮量比禾谷类作物高1.5～2倍，吸磷量高2倍，吸钾量高3倍。尽管稀土能促进甜菜的生长发育，促进光合作用，促进干物质和糖分的积累，但这一切并不能代替氮、磷、钾肥的作用，它只能促进甜菜对土壤中养分的吸收和利用，调节甜菜体内的生理机能，所以只有在高肥力的土壤上才能充分发挥增产、增糖作用。

（2）在配制稀土溶液时，必须使稀土充分溶解　固体稀土如果结块，应先打碎然后再溶解。如果水偏碱性，就可能有一部分稀土不溶而产生沉淀，所以稀土最好是在酸性条件下溶解（pH值约5～6）。如果发现沉淀或呈乳白色，应稍微加热或加少量稀酸促进稀土溶解。

（3）在病虫比较严重的地区，应该在用药基础上使用稀土。稀土不能代替肥料，更不能代替农药。

（4）在进行甜菜喷施稀土作业时，应注意掌握好时间，过早过晚都不能收到好的效果，同时还影响产量和糖分的提高。

知识链接——甜菜优良品种

1. 杂交种

（1）KWS 9145　该品种是标准偏高糖型二倍体单粒杂交糖用甜菜品种，审定编号是黑审糖 2008002，国品鉴定 2007002。

KWS 9145 抗丛根病，耐褐斑病和根腐病，特别是苗腐菌引起的根腐病。在保持丰产性的基础上高糖抗病。在丛根病条件下，其含糖量高于国内品种，在无病条件下其含糖量能与国产品种持平。优良的抗病性使它适应性广，扩大了甜菜种植范围，从而提高了甜菜作物的竞争力。KWS 9145 为菜农和糖厂双赢创造了条件，是广大制糖企业和甜菜种植户的优选品种。

在 2006 年进行的全国生产试验中，该品种产量达 61.5 t/hm^2，含糖量高达 17.1%，产糖达 10 410 kg/hm^2，比对照增产 22%。

（2）KWS 4121　该品种是标准偏丰产型二倍体单粒杂交糖用甜菜品种，抗丛根病，耐褐斑病和根腐病。审定编号是黑审甜 2009004。

该品种是 KWS 公司最新向中国甜菜种子市场推出的高糖丰产抗病新品种。其特点是在保持丰产性的基础上高糖抗病。在丛根病条件下，其含糖高于国内品种，在无病条件下其含糖能与国产品种持平。稳定性好，适应性广，抗逆性强，适于多种条件下种植，从而提高甜菜作物的竞争力。该品种苗期发育快，生长势强，叶片功能期长，能有效控制杂草，提高光能及水肥利用率。根为纺锤形，根皮白净，根头小，根沟浅，根形整齐。叶丛斜立，叶片淡绿色，犁铧形，株形紧凑，适宜密植。块根品质好，杂质含量低，出糖率高。

（3）KWS 014　该品种是标准型二倍体单粒杂交糖用甜菜品种（适于纸筒育苗和精量直播），抗褐斑病和丛根病，耐根腐病。审定编号是黑审糖 2008004。

该品种块根产量高，含糖适中，兼顾糖厂与菜农的利益。抗病性强，适应性广，性状稳定。叶丛斜立，适合密植，光合作用效率高。叶根比小，光合物质分配合理，相对需肥少。根形整齐，杂质含量低，出糖率高，工艺品质好。

2. 二倍体常规种

（1）KWS 9522　该品种是德国 KWS 公司为中国市场最新推出的新品种。2000 年 11 月，经全国农作物品种审定委员会审定通过，审定编号是国审糖 20000004，向全国三大甜菜主产区推荐推广应用。

该品种为二倍体遗传单粒种，丰产性好，含糖高；青头小，易于切削；抗丛根病和褐斑病，耐根腐病；适于密植，耐高温、干旱，适应性广。该品种苗期发育快、适应性广，块根品质优异，根、叶重量比值较高，叶片光合作用好，有利于物质积累。

该品种适于纸筒育苗及精量直播，适时早播、早栽，收获株数不低于 75 000 株/hm^2；选用秋季深翻地，轮作不低于 4 年以上，避免重迎茬。播种前用杀菌剂（如福美双、苗盛、土菌消等）和杀虫剂（如呋喃丹、高巧等）拌种，防治苗期立枯病和虫害。在湿润年份或地区，应特别注意褐斑病防治，确保高产、高糖。

（2）KWS 0149　该品种是标准偏丰产型二倍体单粒杂交糖用甜菜品种，抗褐斑和丛根病，耐根腐病。

该品种为遗传单粒型，适于精量点播或纸筒育苗。综合性状好，适应性广，抗逆性强。苗期发育快，生长势强。抗病高产，含糖适中，兼顾糖厂与菜农的利益，提高了甜菜种植竞争力。叶丛直立，适于密植。根形整齐，杂质含量低，出糖率高，工艺品质好。

（3）晋甜 3 号　该品种由山西省大同糖厂甜菜育种试验站以“合作二号”品种的品系为基础，选出在当地表现好的品系，组成的多品系品种。

该品种属于二倍体品种，种球复果形，叶为长莱形，淡绿色。叶片小，叶数多，叶肉薄，叶柄细。根为圆锥形或近纺锤形，根表皮白色、光滑，根沟浅，根肉紧密。该品种抗甜菜褐斑病性强，对甜菜花叶病毒抗性反应是高度抗病，是目前国内少数抗甜菜花叶病毒品种之一。对甜菜黄化病毒的抗性较差。耐涝不耐旱，适于褐斑病较重的高水肥地区栽培。较抗根腐病，耐储藏。该品种属于标准偏丰产抗病品种，一般产量 33～37.5 t/hm^2，含糖 17%以上。适宜种植于高水肥地区，尤其耐涝，在雨涝年份的低湿地，增产效果尤其显著。一般留苗 67 500 株/hm^2 左右。

第四节　甜菜病虫草害防治

一、甜菜病害防治

甜菜病害有十多种，主要病害有立枯病、根腐病和褐斑病。

1. 甜菜立枯病

甜菜立枯病又名黑脚病、猝倒病、苗腐病等，是甜菜苗期病害的总称，在甜菜产区发生较普遍，一些地段发生较重，造成缺苗断条，甚至毁种，是甜菜产区主要病害之一。

(1) 症状　立枯病发生最早，幼苗从未出土到 2～3 对真叶出现阶段均可发生。种子受害严重时，虽可发芽，但未出土即死亡。种子受害轻者，幼苗出土后，其幼根和近表土茎基部生水浸状斑块，以后向上、下扩展，变为深褐色以致黑色，并可使病部逐渐变细，进而折倒而死，故有猝倒病之称。严重者根部亦可变黑，干枯而死，呈立枯状。

(2) 病原　立枯病的病原种类很多，东北地区主要为立枯丝核菌和镰刀菌，其他尚有蛇眼病菌和猝倒病菌等，也可在不同地区引起立枯病发生。

1) 立枯丝核菌　属于半知菌亚门，无孢目，立枯丝核菌属真菌。它是土壤习居菌，可长期存活于土壤中，是一种喜高温、多湿的病原菌。它不产生孢子，仅产生菌丝体，菌丝体粗细不一、多隔膜，隔膜处较细，且菌丝体多呈直角分枝，与一般菌丝体极易区别。

2) 镰刀菌　属于半知菌亚门，瘤座孢目，镰孢属真菌。腐生性较强，当幼苗生长不良易受其侵染。分生孢子为镰刀形，稍弯曲，有多数隔膜。

上述一些病菌的寄主范围广，除为害甜菜外，尚可为害很多种作物和蔬菜。

(3) 发病规律　引起立枯病的菌类大多可以长期存活于土壤中，所以土壤是其主要越冬场所，此外种子上也可带菌（如蛇眼病菌），当种子播入土壤后即可引起发病，病苗死亡后，病菌又可继续存活于土壤中。

甜菜生长最适宜的环境是中性土，在 pH 值偏高、土壤板结、水分多、空气流通不良的情况下易诱发病害，所以苗期多雨时，在土壤板结或排水不良的低洼地和黏重土壤上种植的甜菜，病害发生较重。土壤温度低、湿度较高条件下病害发生较重。早播、多雨条件下立枯病发生严重。基肥不足，幼苗生长衰弱，病亦重。

(4) 防治方法　①种子处理。播种前，用种子量的 0.8%的 50%多菌灵可湿性粉剂与 50%福美双可湿性粉剂（1∶1）混合后湿拌种，拌种后 1～2 d 进行播种；②播种不易过早，播深应适宜，以保健苗；③应及时进行中耕松土，以破除板结层，增强土壤透气透水性，促进种子发芽；④进行多年轮作，切忌重茬与迎茬。尽量采用禾本科作物的茬口种植，禁止选菜茬和豆茬；⑤合理施肥。增施有机肥和磷肥做基肥，可以改善土壤理化性质和促进有益微生物活动，使土壤疏松，且可提高地温，减轻发病。

2. 甜菜根腐病

甜菜根腐病是甜菜生长中、后期块根腐烂病的总称。根腐病是由多种真菌和细菌所引起的。

(1) 症状　主要发生于根上。常见症状为块根大部或全部软化腐烂。在根部发病初期，地上部叶片呈现白昼阳光下萎蔫下垂，夜间尚可恢复，但块根发病严重的，地上叶片昼夜均呈现萎蔫，以后逐渐枯死。不同病菌引起的症状各有不同，主要有以下几种：

1) 镰刀菌黄萎病　主要侵染根体或根毛，维管束变淡褐色，块根变黑褐色干腐，根内形成空腔。轻病株生育滞缓，叶丛萎蔫。重病株块根溃烂，叶片干枯死亡。

2) 丝核菌褐腐病　首先在根冠部及叶柄基部产生褐色斑点，逐渐腐烂，从上部向下部蔓延扩展到根体，病部稍凹陷形成裂缝，呈褐色至黑褐色腐烂。

3）细菌性尾腐病　细菌从根尾、根梢侵入，病组织呈暗灰色至铅黑色水浸状软腐，由下往上扩展，导致全根腐烂，常溢出黏液，有腐败酸腐臭味。

4）蛇眼菌黑腐病　在根体或根冠处呈现黑色云纹状斑块，稍凹陷，从根内向外部腐烂，烂穿表皮造成裂口，除导管处全部变黑。

（2）病原　根腐病为多种真菌和细菌所致。

1）黄色镰刀菌　属于半知菌亚门，瘤座孢目，镰孢属真菌。分生孢子镰刀形，无色，3～5个隔膜，厚垣孢子间生或顶生。其他侵染甜菜块根的镰刀菌还有茄腐镰刀菌、尖孢镰刀菌等多种。

2）立枯丝核菌　属于半知菌亚门，无孢目，立枯丝核菌属真菌。菌丝淡褐色，分枝处稍缩缢，多成锐角分枝。此菌发生在土壤结构不良、黏重多湿的土地上。

3）甜菜茎点霉　属于半知菌亚门，球壳孢目，茎点霉属真菌。分生孢子器球形至扁球形，分生孢子椭圆或球形，单孢，无色。

4）欧氏杆菌　属细菌，菌落黄色，杆状，2～6根周生鞭毛，有芽孢，革兰氏反应阴性。

根腐病的一些病原菌寄主范围较广，除为害甜菜外，尚可为害很多种作物和蔬菜等。

（3）发病规律　引起根腐病的病原菌主要在病残体或土壤中越冬，种子上也可以带菌越冬。当甜菜播种后，病菌可以侵染幼苗，使其受害而引起立枯病；在甜菜生长发育的中、后期，病菌为害块根而引起根部腐烂。根腐病菌主要通过伤口侵入。

此病在东北地区6月下旬开始发生，7月下旬发展较慢，当进入8月份病害则加速发展，直到收获期病害一直发生。

根腐病大多数发生于酸性土壤、低洼潮湿或排水不良的地块上，黑土和黑黏质土发生严重。甜菜生长发育的中、后期若遇高温、多湿的气象条件，有利于此病大发生。5—6月份干旱少雨，甜菜定苗后，进入7—8月份正值高温多雨，造成土壤水分过大，土壤过于干旱或水分长期饱和，都能导致根腐病发生严重。

（4）防治方法　①防止水涝。选择地下水位低、排水良好的平地种植甜菜，如地势低洼应挖好排水沟以利排水，也可采取大垄栽培。②实行5年以上轮作，前茬不能用菜茬、豆茬，最好选禾本科作物茬口。③用药剂处理种子。参见甜菜立枯病的防治方法。④改良土壤。酸性土壤应用石灰来改良土壤酸碱度，对防病作用很大。⑤拔除病株。当发现田间有极少病害发生时，应及时拔除病根，病穴用石灰粉消毒。⑥防止烂窖。储藏前应将染病的块根严格选出，以免病、健根相混，入窖后引起接触再侵染而造成窖内根腐病的大发生。

3. 甜菜褐斑病

该病在东北地区发生普遍而且严重，对产量影响较大，一般可减产20%～30%，对质量也有影响，受害严重时，可使块根糖分下降1°～2°。

（1）症状　主要发生于叶片上，叶柄及种球也可受害。叶片病斑最初为褐色或紫褐色小点，以后扩大成圆形或不规则形病斑，周边呈红褐色，与健部分界明显，后期病斑中部呈灰白色并生有霉层（病原菌的分生孢子梗及分生孢子）。病斑较薄，极易破碎，多数病斑可连成片，使叶片枯干而死。叶柄病斑为褐色，呈菱形或长条状，中部色泽较浅。

（2）病原　甜菜褐斑病菌属于半知菌亚门丝孢目，甜菜尾孢属真菌。分生孢子梗从气孔伸出，分生孢子梗基部呈暗褐色，顶部常呈灰色或透明，多不分枝，上生分生孢子。分生孢子为无色透明，丝状或鞭状，稍弯曲，初生时无隔或有1个分隔，以后可见分隔6～12个。孢子萌发最适相对湿度为98%～100%，以水滴中最好。分生孢子在低温条件下可存活8～12个月。种球上的病菌不耐低温，在东北地区不是主要初次侵染来源。但菌丝团抗力强，一般条件下可以顺利越冬。褐斑病菌除为害甜菜外，尚可为害苋菜、车前、蒲公英等12科16属26种植物。

（3）发病规律　该病菌主要以菌丝团在病株残体和种球上越冬。来年环境适合时产生分生孢子，借风、雨传播，分生孢子在叶片上的露滴、水滴中萌发，菌丝在细胞间隙扩展蔓延。温度影响潜育期长短，当平均气温19～23℃，潜育期仅5～8 d。田间从7月上、中旬才开始在叶片上出现病斑，以后陆续发生，一般表现为外层叶片先发病，逐渐内叶也发病，病叶上产生分生孢子进行扩大再侵染。在气候条件适合的年份，一年可重复侵染7～9次之多，病害发生严重程度取决于重复侵染次数。

该病发生的程度与寄主抗病性、病原菌数量和气象条件密切相关，但以气象条件和病原菌数量关系最大。气象条件以温度和降雨为主，在东北地区甜菜生育期（7—8月份）温度可以满足，只要初发期气温在15℃以上，以后旬平均气温在16～25℃对此病发展最为适宜，再加上多雨、多雾、多露条件，会更加助长此病的发生。一般重茬、迎茬地段发病重。在靠近去年甜菜地的田块内种植甜菜，发病较重。此外，在地势低洼地、背阳地、排水不良地、施用氮肥过多地、田间密度过大地及过黏土壤上种植的甜菜，发病均较重。

（4）防治方法　①严格处理病株残体。如秋季深翻前将病株残体用车拉回，进行青贮、发酵或直接喂牲畜等，以减少越冬菌源。②与非寄主植物进行4年以上轮作，并应距去年或前年甜菜地0.5～1 km以外种植甜菜，以防病菌传播为害。③选用抗病品种。④在测报指导下及时进行药剂防治。用70%甲基异菌灵可湿性粉剂1.5 kg/hm^2，或40%灭病威胶悬剂1.5 L/hm^2，或50%多菌灵可湿性粉剂1.5 kg/hm^2。兑水喷雾。一般可进行叶面喷雾1～2次，病重地可喷3次，喷后遇雨应重新补喷。⑤及时进行中耕除草，多施有机肥，增施磷、钾肥，有条件地区可施用铜、锌等微量元素以增强抗病力。

二、甜菜虫害防治

东北地区甜菜产区的主要害虫有跳甲类和草地螟。

1. 跳甲类

跳甲属于鞘翅目，叶甲科。东北地区常见的跳甲有3种，即甜菜跳甲、黄曲条跳甲和黄狭条跳甲。黄狭条跳甲和黄曲条跳甲见油菜害虫部分，以下介绍甜菜跳甲。

(1) 危害　甜菜跳甲在东北地区发生较重。成虫以食害幼苗为主，可将子叶和真叶咬成筛孔状或缺刻，甚至咬断幼苗，造成毁种。除危害甜菜外，还危害大麻及藜科、蓼科杂草。

(2) 形态特征　甜菜跳甲成虫身体椭圆形，体末端较圆，体长 1.7～2.2 mm，黑色，有青铜光泽。前胸背板和鞘翅上有许多小黑点，排列成行。触角基部及胫节、跗节黄褐色。

(3) 生活史及习性　甜菜跳甲一年发生 1 代。以成虫在藜科和蓼科杂草丛中越冬。次年春末夏初，气温转暖时，即在向阳避风处曝晒取暖。未向甜菜田转移前，以藜科等野生杂草为食。甜菜出苗后，向田内转移为害。5 月上、中旬是为害盛期，5 月下旬逐渐减少，6 月基本不再为害。8 月末第一代成虫羽化并取食藜科和蓼科杂草，准备越冬。

成虫喜在藜科、蓼科植物上产卵。气温达 3～4℃时开始活动，10℃时开始取食，13℃时大量发生为害，12～20℃可以飞迁。跳甲一般适于在干燥环境下生活，春季干旱少雨，土壤干燥则发生重。而且在干旱条件下，甜菜苗生长迟缓，更易受到难以补偿的损害。靠近森林、护田林边缘及荒草滩处，跳甲发生量多。

(4) 防治方法　①播种后药剂防治。于幼苗出土前喷洒 5%来福灵乳油 225～300 mL/hm^2 一次，7 天后再喷一次，防止甜菜苗期危害。②出苗后药剂防治。用药时期应掌握在成虫已开始活动而尚未产卵时，重点在甜菜苗期，幼苗出土后发现被害，应立即用药。喷药时应注意从田边向田内围喷，防止成虫逃走。药剂用 2.5%溴氰菊酯（敌杀死）乳油或 5%来福灵乳油 225～300 L/hm^2，兑水喷雾。

2. 草地螟

草地螟属鳞翅目，螟蛾科。

(1) 危害　主要是幼虫危害，食性极杂，据记载可取食 30 科 200 多种植物，其中最喜食豆科、蓼科、菊科、麻类等作物，大发生年禾本科作物也受其害。初龄幼虫在叶背啃食叶肉，仅留透明上表皮。2、3 龄幼虫群居在心叶部为害，3 龄以后食量大增，可食尽叶片。大发生时，造成大片甜菜、大豆等作物幼苗及牧草死亡。幼虫 4、5 龄时进入暴食阶段，如食物缺乏可成群迁移，势如黏虫。

(2) 形态特征　老熟幼虫体长 19～25 mm，灰绿色。头部黑色有白斑，体背面及侧面有明显暗褐色纵带；带间有黄绿色波状细纵线。腹部为黄绿色，各节有明显刚毛肉瘤，毛瘤黑色，有两层同心的黄白色圆环。

(3) 生活史及习性　草地螟是一种远距离迁飞的杂食性害虫，在本地虽然可以越冬，但只是本地来年发生的虫源之一。在东北一些地区，越冬代成虫始见于 5 月末至 6 月初，6 月上、中旬为盛期。1 代幼虫发生于 6 月中旬至 7 月中下旬，6 月下旬至 7 月上旬是严重为害期。全幼虫期一般 20 d 左右，最快仅 13 d。1 代幼虫习性特殊。

春寒对成虫的发生有抑制作用。平均气温在 16～17℃以下，则成虫羽化期延长，羽化率起伏不定。6 月份日平均温度为 20℃或稍高时，相对湿度 60%～70%，幼虫发育最快，如果相对湿度低于 50%就会有大量幼虫死亡。成虫吸食花蜜得到充足的营养和水分，性成熟快，产卵量增加。草地螟的天敌有多种，主要有赤眼蜂、白僵菌、细菌类、苏芸金杆菌、病毒、微孢子虫、蚂蚁、步行虫和鸟类等。

（4）防治方法 ①农业防治。耕翻土地减少虫源。除草灭卵。当幼虫入土后，及时采取中耕、灌水等措施，恶化1代老熟幼虫入土做茧的生态条件，使入土幼虫大量死亡；②药剂防治。应以防治1、2龄幼虫为主，将幼虫消灭在3龄以前，因此要严格掌握防治适期，一般2龄幼虫占50%以上时为防治适期。药剂防治指标为3～5头/株。用2.5%溴氰菊酯（敌杀死）乳油或20%功夫乳油或5%来福灵乳油225～300 mL/hm²，兑水喷雾；也可以选用90%晶体敌百虫2 250～3 000 g/hm²，兑水喷雾；③生物防治。利用赤眼蜂灭卵，病毒或其他生物农药与药剂混用防治效果良好。

三、甜菜田化学除草

目前，能用于甜菜田的除草剂主要有阿畏达、都尔、高效盖草能、精稳杀得、精禾草克、凯米丰、乐利、拿捕净、收乐通、甜安宁和威霸等。下面介绍几种常用药剂。

1. 40%阿畏达乳油

主要防治野燕麦。甜菜播前施药或秋施。用量3.0 L/hm²。秋施在气温降到5℃以下时至封冻前进行，秋施用3.3～3.75 L/hm²。喷液量人工300～600 L/hm²，拖拉机200 L以上。施后2 h之内用双列圆盘耙耙地混土，车速6 km/h以上，圆盘耙耙深15 cm，交叉耙地一遍，垂直再耙一遍。对后茬作物无影响。

2. 16%凯米丰（甜菜宁）乳油

防治阔叶杂草。在甜菜苗后阔叶杂草2～4叶期施药。用量6.0～9.0 L/hm²。杂草小用低量，杂草大用高量。喷洒药液浓度不低于2%，喷液量人工450～600 L/hm²，拖拉机300～450 L/hm²。施药后保持6 h之内无雨，气温25℃以上时停止施药，选取早晚气温低、风小时施药。田中有反枝苋、凹头苋、刺蓼等杂草时应与甜菜灵混用。对后茬作物安全。

3. 16%甜安宁乳油

防治阔叶杂草。在甜菜苗后阔叶杂草2～4叶期施药。用量6.0～9.0 L/hm²。杂草小、水分好则用低量，杂草大、水分差则用高量。喷洒药液浓度不低于2%，喷液量人工450～600 L/hm²，拖拉机300～450 L/hm²。施药后保持6 h之内无雨，气温25℃以上时停止施药，选取早晚气温低、风小时施药。对后茬作物安全。

4. 10.8%高效盖草能乳油

主要防治一年生或多年生禾本科杂草。甜菜苗后从杂草出现至生长盛期均可施药，在禾本科杂草3～5叶期施药效果最好；最好在禾本科杂草出齐时施药，以免后期杂草长出而不得不二次施药，造成不必要的浪费。杂草3～4叶期，用375～450 mL/hm²；4～5叶期，用450～525 mL/hm²；5叶期以上，用药量适当酌加。防治多年生禾本科杂草，3～5叶期，用600～900 mL/hm²。喷液量为人工背负式喷雾器300～450 L/hm²，拖拉机牵引或悬挂喷雾100～200 L/hm²，飞机喷雾20～50 L/hm²。高效盖草能单用时喷液量用低量，与防治阔叶除草剂混用时喷液量用高量。不应使用超低容量喷雾，以免因药液飘移造成邻近地块禾本科作物受害，以及因飘移或挥发导致药效降低。注意风向、风速，风速超过 4 m/s 应停止作业；应特别注意周围敏感作物，避免发生飘移危害。对后茬作物安全。

5. 72%都尔乳油

主要防治禾本科和一些阔叶杂草。用于在甜菜移栽前做土壤处理。土壤有机质含量 3%以下时，用量为沙质土 1.5 L/hm^2，壤质土 2.1 L/hm^2，黏质土 2.8 L/hm^2；土壤有机质含量 3%以上时，用量为沙质土 2.1 L/hm^2，壤质土 2.8 L/hm^2，黏质土 3.45 L/hm^2。喷液量为人工背负式喷雾器 450～600 L/hm^2，机动喷雾机 200 L/hm^2 以上，飞机喷雾 30～50 L/hm^2。施药前要把地整好，田间不要有大土块和秸秆。对后茬作物安全。

思考与练习

1. 甜菜具有哪些营养与应用价值？
2. 甜菜对环境条件的要求有哪些？
3. 甜菜种植方式有哪些？
4. 甜菜种子处理方式有哪些？
5. 甜菜播种时应注意哪些事项？
6. 甜菜常见病虫草害有哪几种？

第六章 花 生

学习目标：

◆通过学习理解掌握花生在国民经济中的意义和生产概况

◆掌握花生的形态特征与生物学特征

◆掌握花生的栽培技术及病虫草害防治方法

第一节 概 述

花生属豆科、蝶形亚科一年生草本植物，花生的种子俗称花生仁或花生米、金果、长寿果、长生果、番豆、金果花生、无花果、地果、唐人豆。花生具有多用性，既是油料作物，也是重要的经济作物，是出口创汇的大宗农产品。花生滋养补益，有助于延年益寿，和黄豆一同被誉为“植物肉”“素中之荤”。

一、花生的经济价值

花生荚果出仁率 60%～80%。花生仁含油率 45%～55%（一般 50%左右），蛋白质 27%～30%，碳水化合物 6%～23%，纤维素 2%，含有丰富的维生素 E、B_1、B_2、B_6、C。因此，花生既是人民生活的主要植物蛋白质和食用油来源，又是重要的营养保健食品。

花生是重要的油料作物。花生油在室温下为低黏度淡黄色液体，其中含油酸 34%～68%、亚油酸 19%～43%，二者共占 80%。油酸和亚油酸比率，简称 O/L 比率，变幅 0.78～3.5。一般认为 O/L 比率是油质稳定性的指示值，国际贸易中把 O/L 比率作为花生及其制品的耐储藏性指标。亚油酸是食品营养品质的重要指标，兼顾营养价值和耐储藏性，O/L 比率一般在 1.4～2.5 为宜。

花生是营养丰富的食品。花生仁中蛋白质含量高，可消化率 92%～95%，易被人体吸收利用。就人体必需的 8 种氨基酸而言，花生蛋白质含亮氨酸、苯丙氨酸较多，而蛋氨酸、赖氨酸、苏氨酸不足。花生仁中的碳水化合物以蔗糖和淀粉为主。在花生烘烤过程中，产生出花生特有的香味。常见花生食品有花生酱，烤、炸花生，花生糖果，麻芝，人造奶油，花生果茶（果奶）饮料，花生奶粉，花生酸奶酪等多种糕点甜食和膨化食品。

花生是发展畜牧业的良好饲料。花生油粕中蛋白质含量达50%以上，是优质饲料。花生叶片内含粗蛋白约20%，茎内约含10%，饲料价值高，并含丰富钙和磷。花生果壳中含70%～80%纤维素、16%戊糖、10%半纤维素、4%～7%蛋白质，也是良好的饲用原料。

花生是我国主要的出口产品。我国年出口花生约50万t，居世界第一，约占世界贸易的1/3。大花生出口品种主要有花17、鲁花10号等（以果为主，O/L比率1.4左右）；小花生出口代表品种为白沙1016（以花生米为主，O/L比率1.0左右）。在出口品种中尚需进一步提高O/L比率。

花生适应能力强、增产潜力大。花生抗旱、耐瘠、适应性强，又有根瘤菌共生固氮作用，可以补充氮肥不足，在作物轮作制中占有重要位置。同时，花生又耐肥，增产潜力很大，春、夏花生均培创出大面积7 500 kg/hm^2的高产田，最高产量达11 194.5 kg/hm^2（山东蓬莱）；花生最高单株产量达0.89 kg、结果661个（美国哈蒙斯发现）。因此，花生属高产作物，只有种在肥沃的土壤上，才能发挥其高产潜力。

此外，花生仁特别是红皮花生的种皮（红衣）含有大量的凝血脂类，能促进骨髓制造血小板，缩短出血、凝血时间，有良好止血作用，已用于生产止血宁针剂、宁血糖浆、血宁片等。

二、花生的起源、产区和类型

1. 起源和分布

花生属植物和花生栽培的起源地是南美洲中部，主要分布在南纬40°至北纬40°之间的广大地区。一部分主要集中在南亚和非洲的半干旱热带，包括印度、塞内加尔等，面积约占世界总面积80%，总产约占65%；另一部分主要集中东亚和美洲的温带半湿润季风带，包括中国、美国、阿根廷，面积约占20%，总产约占35%。全世界花生面积约2 400万hm^2，单产1 200 kg/hm^2左右，总产约30 000 kt。全世界约有90个国家种植花生。印度、中国和美国是世界三大花生主产国，尼日利亚、苏丹等国也盛产花生。印度花生面积700万hm^2以上，但产量较低，单产只有1 000 kg/hm^2左右，总产约7 000 kt。美国花生面积65万hm^2左右，单产2 500 kg/hm^2左右，总产约1 700 kt。

2. 我国的花生产区

我国花生面积常年350万～450万hm^2，单产2 500～3 000 kg/hm^2，总产10 000 kt左右，居世界第一位。全国花生区划见表6—1。

3. 类型

花生主要依据荚果形态划分为不同类型。

（1）普通型　凡果壳厚、网纹浅而粗、果嘴与龙骨不凸出者属于普通型。

表 6—1　　全国花生区划

<table>
<tr><td>北方大花生区</td><td>山东、河北和北京市全部，河南、安徽、江苏的淮河以北地区，山西省南部，陕西省秦岭以北的关中渭河流域，辽宁的辽东半岛和辽西地区。全区花生面积约占全国花生的 50%～60%</td><td rowspan="3">占全国的 97%</td></tr>
<tr><td>南方春秋两熟花生区</td><td>广东、广西、海南、福建、台湾 5 省（自治区），以及湘、赣南部，面积约占全国的 30%</td></tr>
<tr><td>长江流域春夏花生区</td><td>南、北两大花生区之间，包括川、鄂、湘、赣、皖、苏、浙 7 省的全部或大部，以及陕、豫的南部</td></tr>
<tr><td>云贵高原花生区</td><td>云贵高原</td><td></td></tr>
<tr><td>东北早熟花生区</td><td>东北地区（不含辽东半岛和辽西地区）</td><td></td></tr>
<tr><td>黄土高原花生区</td><td>黄土高原</td><td></td></tr>
<tr><td>西北内陆花生区</td><td>西北地区</td><td></td></tr>
</table>

（2）龙生型　凡果壳较薄、网纹深、果嘴与龙骨凸出者属于龙生型。

（3）多粒型　凡果壳厚、网纹粗浅、果嘴不凸出、每荚 3 粒者属于多粒型。

（4）珍珠豆型　凡果壳薄、网纹细、一般每荚 2 粒者属珍珠豆型。

普通型是我国出口大花生的主要类型，多数品种果大、仁大，O/L 比率高，适合出口，在大花生出口基地有相当面积。代表品种花 17、鲁花 10 号等。龙生型在我国种植最早，由于匍匐生长，分枝多，结果分散，加之果针入土深，易折断，收刨费工，成熟晚，种植面积已大为减少。但龙生型品种抗旱、耐瘠性强，在旱薄沙地上产量相当稳定，仍有一定面积。珍珠豆型在全世界分布最广，面积最大，是印度、非洲等地以及我国南方春秋两熟花生区和东北早熟花生区的主要花生类型，代表品种有白沙 1016、鲁花 12、鲁花 15 和丰花 2 号等。多粒型品种早熟或极早熟，适于在东北等生长期短的地区种植。

第二节　花生栽培生物学基础

一、花生的形态特征

花生的形态如图 6—1 所示。

1. 根和根瘤

花生根属直根系。主根由胚根长成，由主根上分生出的侧根称一次（级）侧根，一次侧根分生出的侧根称二次侧根，以此类推。

花生根上长有根瘤，是由于土壤中一种叫根瘤菌（豇豆族根瘤菌）的细菌侵入根部组织，分裂繁殖形成的。花生根瘤呈圆形，直径 1～5 mm，多数着生在主根的上部和靠近主

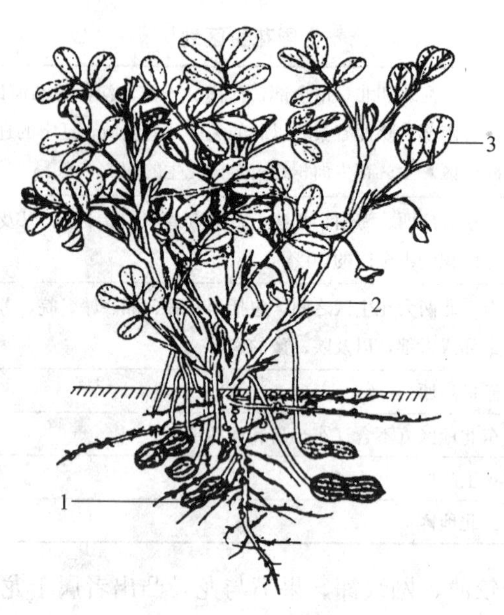

图 6—1 花生

1—花生果 2—茎 3—叶

根的侧根上，在下胚轴上也能形成根瘤。花生种子萌发后，根瘤菌由幼根皮层侵入，当幼苗主茎生出 4～5 片真叶时，幼根上便形成肉眼可见的圆形瘤状体。

2. 茎

花生主茎直立。幼时截面圆形，中部有髓；盛花后，主茎中、上部呈棱角状，髓部中空，下部木质化，截面呈圆形。茎上有白色茸毛。花生茎一般为绿色，老熟后变为褐色。有些品种茎上含有花青素，呈现部分红色。许多多粒型和龙生型品种茎呈现深浅不等的红色。

主茎上出生的分枝称第一次分枝或一级分枝，在第一次分枝上出生的分枝称第二次分枝，以此类推。密枝类型可有 3 次、4 次分枝，甚至 5 次分枝，分枝数一般在 10 条以上；疏枝类型一般没有 3 次以上分枝，分枝数 5～6 条至 10 多条。夏播花生分枝数一般少于春播花生。

花生第一对侧枝的平均长度与主茎高度的比值称株型指数。根据花生植株侧枝生长姿态以及株型指数的不同，可把花生分为蔓生型、半蔓生型和直立型三种株型。

(1) 蔓生型（或匍匐型） 侧枝几乎贴地生长，仅前端一小部分向上生长，株型指数为 2 左右或以上。

(2) 半蔓生型（或半匍匐、半直立型） 第一对侧枝近基部与主茎成 60°～90°角，侧枝中、上部向上直立生长，直立部分大于匍匐部分，株型指数 1.5 左右。

(3) 直立型 第一对侧枝与主茎所成角度小于 45°，株型指数 1.1～1.2。直立型与半蔓生型合称丛生型。丛生型品种株型紧凑，结果集中，适于密植。目前生产上推广主要栽培品种的大部分属此类型。

3. 叶

花生的叶可分为不完全叶和完全叶（真叶）两种。花生具有无限生长习性，一生展开叶很多。疏枝型品种一生可展开 100 多片叶，其出叶速度在荚果形成以前较快，荚果形成后逐渐变慢。大体从出苗到结荚始期（或田间封垄），叶面积呈指数增长，结荚初期增长速度最快，以后逐渐变慢，但叶面积仍继续增长到饱果出现。此后，由于基部落叶显著增加，落叶速度超过了叶片展开速度，叶面积日益下降。

4. 种子

花生种子通称花生仁或花生米，着生在荚果的腹缝线上。种子一端钝圆或较平（子叶端），另一端较突出（胚根端）。种子形状可分为椭圆形、三角形、桃形、圆锥形和圆柱形五种。

通常以饱满种子百仁重表示花生品种的种子大小。百仁重是品种特征体现，按百仁重大小可把花生分为大粒品种（80 g 以上）、中粒品种（50～80 g）、小粒品种（50 g 以下）三种。一般以每千克子仁粒数表示大批收获产品种子的实际大小。普通型大粒品种的百仁重可达 100 g 左右，而一些珍珠豆型品种的百仁重不足 50 g。

5. 花

花生花器由苞叶、花萼、花冠、雄蕊和雌蕊组成。花为蝶形花，花基部最外层为一长桃形外苞叶，其内为一片二叉状内苞叶。花萼下部联合成一个细长花萼管，上部为 5 枚萼片，其中 4 枚联合，1 枚分离。萼片呈浅绿、深绿或紫绿色，花萼管多呈黄绿色，被有茸毛，长 2～7 cm；花冠从外向内由 1 片旗瓣、2 片翼瓣和 2 片龙骨瓣组成，橙黄色。雄蕊 10 枚，其中 2 枚退化，8 枚有花药，其中 4 个长形，4 个圆形，相间而生。极少数花有 9 枚花药，偶尔也有 10 枚花药。雌蕊 1 个，单心皮，子房上位，子房位于花萼管底部。花柱细长，穿过花萼管和雄蕊管，与花药会合。子房一室，内有一至数个胚珠。子房基部有子房柄，在开花受精后，其分生延长区的细胞迅速分裂，使子房柄伸长，把子房推入土中。

我国北方春播花生单株开花数 40～200 朵，交替开花型品种多于连续开花型品种，晚熟品种多于早熟品种。花生开花适宜温度为 23～28℃，适宜土壤相对含水量为 60%～70%，降至 30%～40%时，开花就会中断；弱光条件能减少花生开花数。在大田条件下，植株形成荚果后开花数即明显减少，如不断摘果，则会继续大量开花，说明大量荚果的形成对开花有一定抑制作用。

6. 荚果

花生果实属于荚果。果壳坚硬，成熟时不开裂，多数荚果具有二室，也有三室以上者。各室间无横隔，有或深或浅的缩缢，称果腰。果壳具纵横网纹，荚果先端凸出似鸟喙状，称果嘴。荚果形状因品种而异，具体可分为普通形、斧头形、葫芦形、蜂腰形、茧形、曲棍形、串珠形 7 种。

同一品种荚果，由于形成先后、着生部位不同等原因，其成熟度及果重差别很大。通常在栽培上以随机样品平均每千克荚果个数来表示荚果的大小或轻重。以某品种典型饱满荚果的百果重（g）表示品种正常发育的荚果大小。果壳厚度因品种而异。珍珠豆型品种较薄，荚壳重占果重的25%～30%；普通型品种较厚，荚壳重占30%以上。发育良好、子仁充实饱满的荚果，每千克果数少，荚壳占果重比例小，荚果出仁率（子仁重占荚果重的百分数）高。

二、花生生物学特性

1. 花生生育期划分

花生生育期划分见表6—2。

表6—2　　花生生育时期

出苗期	从播种到50%的幼苗出土、第一片真叶展开为种子萌发出苗期。花生出苗时，两片子叶一般不出土，在播种浅或土质松散条件下，子叶可露出地面一部分，因此称花生为子叶半出土作物。中熟大花生品种萌发出苗需约5 cm地温大于12℃的有效积温116℃。北方适期春播花生萌发出苗一般需10～15 d，夏播5～8 d
苗期	从出苗到50%的植株第一朵花开放为苗期。苗期生长缓慢（始花时主茎高只有4～8 cm），但相对生长量是一生最快的时期 出苗后，主茎第1～3片真叶很快连续出生，在第3或第4片真叶出生后，真叶出生速度明显变慢，至始花时，连续开花型品种主茎一般有7～8片真叶，交替开花型品种有9片真叶。当主茎第3片真叶展开时，第一对侧枝开始伸出；第5～6片真叶展开时，第三、四条侧枝相继生出。此时主茎已出现4条侧枝，呈十字形排列，通常称这一时期为“团棵期”（始花前10～15 d）。至始花时生长健壮植株一般可有6条上分枝。 此时大部分花芽分化完毕，到第一朵花开放时，一株花生可形成60～100个花芽，苗期分化的花芽在始花后20～30 d内都能陆续开放，基本上都是有效花。 苗期生长最低温度为14～16℃，最适温度为26～30℃。一般北方春播花生苗期25～35 d，夏播20～25 d，地膜覆栽培缩短2～5 d
开花下针期	从始花到50%植株出现鸡头状幼果（子房膨大呈鸡头状）为开花下针期，简称花针期。这是花生植株大量开花、下针，营养体开始迅速生长的时期。该期开的花数通常可占总花量的50%～60%，形成的果针数可达总数的30%～50%，并有相当多果针入土。 适宜的日平均气温为22～28℃。北方中熟品种春播一般需25～30 d，麦套或夏直播一般需20～25 d；早熟品种春播需20～25 d
结荚期	从幼果出现到50%植株出现饱果为结荚期。这一时期，是花生营养生长与生殖生长并盛期，叶面积系数、群体光合强度和干物质积累量均达到一生中的最高峰，同时也是营养体由盛转衰的转折期。结荚期是花生荚果形成的重要时期。此期在正常情况下，开花量逐渐减少，大批果针入土发育成幼果和秕果，果数不断增加。该期所形成的果数占最终单株总果数的60%～70%，是决定荚果数量的时期。结荚期也是花生一生中吸收养分和耗水最多的时期，对缺水干旱最为敏感。 结荚期长短及荚果发育好坏取决于温度及品种特性，一般需有效积温600℃。北方中熟大粒品种需40～45 d，早熟品种30～40 d，地膜覆盖可缩短4～6 d

续表

饱果成熟期	从50%的植株出现饱果到大多数荚果饱满成熟，称饱果成熟期，简称饱果期。这一时期营养生长逐渐衰退，叶片逐渐变黄、衰老、脱落，叶面积迅速减少，干物质积累速度变慢，根瘤停止固氮。生殖生长主要表现在荚果迅速增重，饱果数明显增加，是果重增加的主要时期。饱果期长短，因品种熟性、种植制度、气温等变化很大

2. 花生对环境条件要求

花生对环境条件的要求见表6—3。

表6—3 花生对环境条件的要求

土壤	土质	土质疏松有利于果针入土和荚果发育，有利于根系发育和根瘤菌固氮
	土层	深厚土层是花生高产稳产的基本条件。6 000～7 500 kg/hm²产量的花生田，土层厚度至少应为80～100 cm
	地力	花生比较耐瘠，常被误认为是不耐肥作物。实际上，花生需肥量不少于一般作物，而且花生更多地依赖土壤养分。因此，只有肥沃的地力条件，才可能获得花生高产。一般7 500 kg/hm²以上花生地块要求，土壤有机质为7～11 g/kg，全氮0.5～0.9 g/kg，速效磷22～66 mg/kg，速效钾55～85 mg/kg，代换性钙1.4～2.5 g/kg。花生适宜的pH值为5.5～7，不耐盐碱，全盐含量在0.3%时即不能出苗，pH值超过7.6时，会出现各种营养失调现象。花生连作病虫害严重，植株矮、落叶多、明显早衰，果少、果小，花生合理轮作增产显著
肥料	氮	氮是花生吸收最多的营养元素。花生一生中吸收积累氮的动态符合S形增长曲线，营养体氮吸收积累速率高峰在播后45 d左右（结荚初期），播后80 d左右达最大积累量，此后，由于落叶和氮向生殖体运转而减少；整株播种后60 d左右（结荚期中期）吸收积累速率最快，结荚期积累的氮占全生育期积累量60%左右，是花生吸氮高峰期；生殖体播后90 d左右（饱果前期）吸收积累最快，直到收获一直增加。花生一生中吸收氮，结荚以前主要积累在茎、叶中（叶明显高于茎），饱果期以后氮逐渐向生殖体转移，到收获时全株70%～80%的氮分配在荚果中，叶占10%，茎占15%左右。花生根瘤菌固氮高峰与需氮高峰期吻合，其固氮为花生提供氮素占花生植株总需氮量的比例（根瘤供氮率），受土壤氮素水平和施氮量影响很大。在贫瘠不施氮的土壤上，根瘤供氮率可达90%以上；而在肥力中等、施氮量适中的土壤上，根瘤供氮率一般为40%～60%，且随施氮量的增加而降低
	磷	花生茎、叶含磷（P_2O_5）仅0.2%～0.35%（幼苗期高后期低），而子仁高达0.4%～0.5%。花生缺磷的典型症状是叶色暗绿、茎秆细紫，植株瘦小、根系弱、根瘤少，花少、果小、含油率低。花生对磷的吸收和分配规律与氮基本一致，但营养体和生殖体磷达积累最大速率的时间比氮早，全株磷积累速率高峰比氮提前10 d左右，播种后50 d左右（结荚初期）吸磷达高峰期，结荚期吸收磷占一生积累总量的60%～70%。花生一生中吸收的磷，结荚以前主要积累在茎、叶中（叶略高于茎），饱果期以后磷逐渐向生殖体转移，到收获时全株70%左右磷分配在荚果中（其中又有90%以上的磷分布在子仁中），叶占5%、茎占25%左右

续表

肥料	钾	花生植株中含钾（K_2O）量仅次于氮。与氮、磷不同的是，钾在营养器官中的含量高于生殖器官，茎（0.5%～2%）高于叶（0.5%～1.3%），苗期高于成熟期，荚果中含量很低，子仁（0.3%左右）低于果壳（0.4%左右）。花生缺钾时茎秆细弱、易倒，老叶边缘先发黄，逐渐向内扩展，叶脉失绿。钾的吸收高峰在播种后45 d左右（花针期），进入结荚期以后钾不再积累，茎、叶中钾积累开始大幅度下降，而再分配至生殖体。与氮、磷相比，钾在生殖器官的分配率较低，成熟时只占全株的50%左右。茎中钾所占比率在花生整个生育期都较高，结荚后基本不再降低
	钙	花生属于喜钙作物。钙主要积累在营养器官中，含量叶中3.4%～3.8%，茎中1.6%～1.8%，荚果中0.25%～0.54%，种子中0.1%～0.2%。生殖器官含钙虽少，但钙对荚果和种子发育却有极重要作用。荚果缺钙时，果小仁秕，种子发育受阻，形成果壳肥厚、种子败育或秕瘦的“空果”。有时种子虽然外观正常，但胚芽坏死，成为“黑胚芽”。缺钙也可导致果壳组织疏松，容易烂果。一般普通型大花生结果要求的土壤临界钙含量为250 mg/kg，普通型小花生只需120 mg/kg，小粒的珍珠豆型则更低
水分		花生播种出苗期耗水虽少，但对土壤水分要求高，土壤耕层含水量应达田间持水量的70%以上；出苗至开花期是花生最耐旱时期，适宜土壤含水量应达田间持水量的50%～60%；开花至结荚期耗水量大增（花生需水临界期早熟品种在花针期，大粒中晚熟品种在盛花结荚和饱果初期），尤其在盛花期，日耗水量可达5～7 mm，土壤含水量应达田间持水量的70%为宜；结荚至成熟期花生需水又减少，土壤适宜含水量应达田间持水量的50%～60%。总之，花生需水规律可概括为“两湿两润”规律，两湿即播种至出苗和开花至结荚，两润是指出苗至开花和结荚至成熟

第三节　花生栽培技术

一、花生露地栽培技术

1. 培肥地力、轮作换茬

花生能很好地利用前作施肥的残效，因此，前作多施肥来培肥地力是花生增产的基本环节。连作花生病虫害严重，植株矮，落叶早，果少、果小，减产明显。试验表明，花生连作一年减产8.77%～32.82%，连作两年减产22.52%～26.88%。连作年限越长，减产越严重。深耕增肥、防除病虫害、选用耐连作品种等措施，在一定程度上可减轻连作危害，可仍不能根本解决连作的影响。花生与禾本科作物（棉花、烟草、甘薯等）轮作，既有利于花生增产，也有利于与其轮作作物增产，但花生不宜与豆科作物轮作。

2. 种子处理及适期播种

（1）种子处理　播种前精选种子，选色泽新鲜、粒大饱满、无霉变伤残的子仁做种用。种子紧张时，可进行分级粒选，分级播种。不可不选种，混粒播种，以免因种子大小不一而形成大小株。催芽是保证花生全苗的有效措施。催芽的方法一是先用30～40℃温水浸种，吸足水分后，再捞出堆闷催芽；另一种是将干种子以1∶5的比例与湿沙分层排放，使之吸水萌发。催芽时均需注意保温（25～30℃）、保湿和适当通风，待种子萌动露白时即可播种。催芽虽然出苗较好，但往往幼苗长势不旺。如种子质量好，能保证全苗时，可不用催芽。催芽种子要确保足墒播种，以免土壤落干回芽。

用20%～25%PEG（聚乙二醇）在10～15℃浸种12～18 h，可提高种子活力，增强抗逆性。用多菌灵可湿性粉剂按种子量的0.3%～0.5%拌种，能有效地防治烂种、根腐病、茎腐病等。用种子量0.2%的50%辛硫磷乳剂拌种可防治地下害虫。

（2）适期播种　5 cm地温稳定在15℃（珍珠豆型小花生12℃）以上，即可播种，而以地温稳定在16～18℃时，出苗快而整齐。北方花生区一般春播适期为4月中旬至5月上旬。带壳播种由于果壳丹宁浓度高，有杀菌作用，可减少烂种，能提早播种10 d左右，以利抢墒。地膜覆盖栽培可比露地栽培早播10～15 d。丘陵旱地地膜栽培花生，延迟到5月份播种可使花针期与雨季吻合。花生播深为5～7 cm，土壤墒情好的地块，播深宜在4～5 cm。播种过浅，种苗易落干；播种过深，出苗困难，如遇阴雨，可能烂种。

3. 合理密植

（1）种植密度　种植密度取决于地力、品种、气候和播期等因素。北方花生区，春播密枝丛生品种适宜密度18万～24万株/hm^2，蔓生品种12万～21万株/hm^2；疏枝中熟丛生大花生21万～27万株/hm^2，珍珠豆型早熟品种27万～30万株/hm^2。目前，北方夏花生适宜密度为27万～30万株/hm^2。

（2）植株配置方式　花生采用穴播方式，每穴2粒。鲁东地区抗旱早播，为防止烂种采用带壳果播。行距和穴距可按密度调配。丛生品种穴距一般不小于15 cm，不大于40 cm，行距不小于30 cm，不大于50 cm，肥地上行距应宽些，薄地上行穴距力求接近。

（3）种植方式　北方花生春播有平种、垄种、畦种、地膜覆盖等方式。两熟制花生，前茬主要为小麦，有大沟麦套种、小沟麦套种、麦行套种和夏直播等方式（后两者为夏花生）。

1）平播　即平地开沟（或开穴）播种。土壤肥力高，无水浇条件的旱薄地和排水良好的沙土地，均适于平播。平播简单省工，行穴距任意调节，适合密植，宜于保墒，是北方花生基本种植方式。但在多雨、排水不良的条件下，易受渍涝，烂果较多，收刨易落果。

2）垄播　垄播是在花生播种前先行起垄，或边起垄边播种，花生播种在垄上。垄播春季升温快，便于排灌，结果层通气好，烂果少，易收刨。但是，垄播时行距较大，不便于增加密度，适用于肥力较高、密度较低或排水不良的易涝地块。单行垄播的垄距40～50 cm，垄高10～12 cm；双行垄播的垄距90 cm左右，垄高10～12 cm，垄面宽50～60 cm，种双行，垄上小行距35～40 cm，垄间大行距50～55 cm。

3）畦播　又称高畦种植。我国长江以南及美国、印度普遍采用。主要优点是便于排灌防涝，适合于多雨地区或排水差的低洼地。畦宽140～150 cm，沟宽40 cm，畦面宽100～110 cm，种4行花生。北方的鲁南和苏北也有畦播习惯，畦宽视地势而定。

4）大沟麦套种　小麦播种前起垄，垄底宽 70～80 cm，垄高 10～12 cm，垄面宽 50～60 cm，种两行花生，垄上小行距 30～40 cm，垄间大行距 60 cm，沟底宽 20 cm，播种两行小麦，沟内小麦小行距 20 cm，大行距 70～80 cm。花生播种期可与春播相同或稍晚，畦面中间可开沟施肥，也可覆盖地膜，或结合带壳早播。这种方式适用于中、上等肥力，以花生为主或晚茬麦等条件。

5）小沟麦套种　小麦秋播前起高 7～10 cm 的小垄，垄底宽 30～40 cm，垄面种一行花生，沟底宽 5～10 cm，用宽幅耧播种一行小麦，小麦幅宽 5～10 cm。麦收前 20～25 d 垄顶播种花生。

4. 合理施肥

（1）施肥效应与施肥量　花生施肥效应主要取决于土壤养分的丰缺。生产上常用的确定施肥量的方法是实际试验法。各地试验中获得的最佳施肥量或施肥组合均有很大差异。由于花生多种在持肥力不强的沙质土上，尤应重视有机肥与化肥的配合施用，且以有机肥为主。一般可施优质有机肥 30 000～45 000 kg/hm²。一般高产田才需要施用钾肥。钾肥应采用草木灰或硫酸钾，不要用氯化钾，以免影响根瘤固氮。

（2）施肥原则及施肥方法　花生施肥应遵循重视前茬施肥；重施有机肥和磷肥；重施基肥，有机肥和氮、磷、钾肥配合施用的原则。

北方春花生所用肥料都应在播种以前作为基肥施足，采用全层施肥法并以深施为主。基肥的 2/3（包括有机肥和氮、磷等化肥）结合耕翻施入犁底，1/3 的基肥结合春季浅耕或起垄作畦施入浅层，以满足生育前期和结果层需要。钾肥应全部深施（施入结果层以下）、早施，避免集中施在结果层，以防结果层含钾过多，阻碍荚果对钙的吸收。钙肥一般用石灰[生石灰 CaO、熟石灰 $Ca(OH)_2$]、石膏（$CaSO_4$）、过磷酸钙等。钙肥的施用应考虑土壤酸碱性。在 pH 值 5 以下的酸性土壤上，可结合耕翻全层施用；在土壤近中性时，可于初花期把石膏施在结果层，375～450 kg/hm²；在偏碱性土壤上，不能施用钙肥。

在基肥不足的瘠薄沙土地上，苗期至初花期施用 15～30 kg/hm² 氮肥能有效地促进营养生长，促进花芽分化，有一定增产作用。磷肥未施足者，花针期在结果层施过磷酸钙或氮、磷混合肥，也能促进荚果发育，增加果重。结荚期在喷施杀菌剂同时，喷洒 1%～2%尿素、2%～3%过磷酸钙或 0.1%～0.2%磷酸二氢钾液，能在一定程度上防止早衰，促进荚果发育。北方春花生基肥一次性施足，很少追肥。麦套花生等基肥不足的可施用种肥（注意肥料与种子隔离），或在苗期至初花期追施。

5. 加强田间管理

（1）清棵　清棵是指花生基本齐苗进行第一次中耕时，将幼苗周围表土扒开，使子叶直接曝光的一种田间操作方法。

清棵的主要作用一是可以蹲苗，使第一对侧枝一出生就直接见光，基部节间短而粗壮，侧枝基部二次枝早生快发，开花早且多，结果早、多、整齐，饱果率高；二是可促根生长，使主根深扎、侧根发生多，有利于提高抗旱能力。此外，也可清除根际杂草，减轻苗期病虫害。

清棵一般可增产 6.6%～23%，平均增产 12.9%。清棵增产的关键是时间要早，在基本齐苗时即清。另外，清棵深度以子叶出土为度，不宜过深。清棵时不能碰掉子叶，清棵后不能接着中耕，待 15～20 d 第一对侧枝充分发育后，再进行第二次中耕。

(2) 中耕除草　花生株丛矮，又有阴雨天小叶闭合习性，因此与杂草竞争能力不强，常形成“草荒”。

花生生长期间中耕除草分三次进行，第一次在齐苗后结合清棵进行，第二次在团棵时进行，最后一次应在下针、封垄前不久进行。

化学除草在花生上已普遍应用，效果极好。用于花生的主要为芽前除草剂，如乙草胺、异丙甲草胺（都尔、杜尔）、拉索等。用 1 500～2 250 mL/hm^2 乙草胺或异丙甲草胺或拉索兑水 750～1 000 kg，于花生播后出苗前喷洒地表，均可有效防止杂草滋生。覆膜花生使用除草剂效果较好，可适当减少药量，而露地花生则要适当加大药量。

北方花生区春花生播种前后，土壤干旱，药效不易发挥，以致露地使用除草剂效果不够理想，应注意造墒保墒。

(3) 培土　在大批果针入土之际培土，有利于缩短果针入土距离，即所谓“迎针下扎”，并能为果针入土和荚果发育创造疏松的结果层土壤。培土后在行间形成垄沟，又便于灌排，所以正确进行培土，可以早结果、多结果，使结果整齐、集中，提高果重。培土的要点是：

1) 培土的适宜时间应在盛花期，基部个别果针入土，大量果针即将入土之际。

2) 培土时掌握培土不壅土的原则，做到“穿空不伤针，培土不扰蔓”。培土后形成凹顶或 M 形的垄部，不加深已入土果针的深度，使中、下部果针基本同时入土，上部外围果针反而不易入土，荚果发育整齐，切忌培成尖顶。培成 M 形时，行距不能小于 40 cm，在行距 30 cm 时，培土必然形成尖顶埋苗，不如不培。

(4) 合理灌溉　花生在足墒播种情况下，整个苗期都能维持适宜水分而不必浇水。花生苗期耗水少，抗旱性较强，土壤含水量低于田间持水量的 40%～50%时才需浇水。花针期至结荚，土壤含水量低于田间持水量的 60%时应及时浇水。因为干旱不仅阻碍营养生长，降低光合作用和物质生产，而且使花、针、果数减少，限制果的膨大和对钙的吸收。北方此期多为雨季，应注意排水，以免发生涝害。饱果成熟期干旱影响荚果充实，对晚熟品种影响更大，当土壤含水量低于田间持水量的 50%时需浇水。但此期水分过多会增加烂果和发芽。花生灌溉应避免大水漫灌，尽量保持土壤通气良好。

6. 适期收获与带壳储藏

(1) 适期收获　花生收获适期应根据如下情况综合权衡：

1) 根据植株长相　植株中、下部叶片脱落，上部 1/3 叶片叶色变黄，叶片运动消失，产量基本不再增长，这是花生收获期的极限。在肥水条件好、病害轻的地块，花生叶片能长期保持绿色，植株衰老不明显，则应主要根据荚果发育情况确定收获期。

2) 根据花生植株上荚果总体发育情况　荚果饱果率超过 80%是收获的适宜时期。

3）根据气温变化或花生后作播种要求　气温下降到15℃以下，花生物质生产已基本停止，应及时收获。在多熟制中，花生收获期必须照顾后作播种要求，麦套和夏直播花生在不影响小麦播种的情况下，应适当推迟收获。

（2）收获催干方法　新收获花生荚果含水45%～65%，呼吸强度大，易发热，极易受霉菌和细菌侵染而霉烂变质，种子劣变，活力下降。所以，必须使荚果尽快晒干（或人工催干），防止发热、霉变。尽快晒干的关键是通风，国内外许多花生产区都在收刨后，在田间将植株集条曝晒，使荚果朝上或向阳，与土壤脱离。这种方法通风散热好，荚果不易霉变，经3～5个晴天，手摇荚果有响声，即可摘果，运回场上。此时荚果含水20%～30%，是适宜黄曲霉产毒的条件，仍需尽快晒干。美国普遍用人工催干，经1.5～3 d含水量即可降到10%，催干主要靠鼓风，只在空气相对湿度90%以上时才加温，气流温度不得高于35℃，温度过高、干得太快反而影响品质。

（3）带壳储藏　荚果的安全储藏含水量是10%（南方潮湿地区为8%）。一般花生种子在空气相对湿度75%时，平衡水分为8.0%～9.0%。北方地区11月至翌年4月空气相对湿度很少超过75%，气温又低，只要入仓时晒干到10%含水量，注意储藏场所通风，便能安全储藏。带壳储藏比以花生米储藏通风好，且能保持花生米的色泽和生活力，因此以带壳储藏更加安全，特别是留种用花生，一定要带壳储藏，播前再脱壳。至于越夏储藏则以在晒干的基础上密闭储藏为宜。

二、花生专项栽培技术

1. 花生地膜栽培技术要点

花生地膜覆盖栽培具有提高地温、保墒抗旱、保持土壤疏松通气、减少肥料流失、促进植株和荚果发育的作用，一般增产20%～40%。在北方已广泛应用，并进一步推广到丘陵旱地，作为抗旱、保墒的主要措施。随着地膜栽培的推广和发展，目前已有配套的覆膜播种机械，起垄、施肥、播种、喷除草剂、覆膜、压土等工序一次完成，大大提高了覆膜效率，促进了地膜栽培花生的大面积推广。

（1）地膜规格　一般采用无色透明微膜（厚0.007 mm±0.002 mm，用量65～70 kg/hm^2）和超微膜（厚0.004 mm±0.002 mm，用量42～45 kg/hm^2），后者效果不如前者，但成本较低。幅宽一般85～90 cm。近年又生产推广了带除草剂的药膜和双色膜。

（2）选用增产潜力大、中晚熟的大粒品种　如海花1号、鲁花11、鲁花14、花育16、花育17、丰花1号等。

（3）增施肥料　地膜花生长势旺，吸肥强度大，消耗地力明显，应增施肥料，尤其是有机肥。有机肥可撒施，化肥可集中施在垄内，也可适量作种肥施用。肥料于播种前施足，一般不宜追肥。

（4）精细整地起垄、规格播种　精耕细耙，垄面平整，无坷垃、根茬，足墒播种或抗旱播种。垄距 85～90 cm，垄高 10～12 cm，垄面宽 55～60 cm，畦沟宽 30 cm。双行种植，垄内小行距要大于 35 cm，墩距 15～18 cm，12 万～15 万穴/hm^2。在劳力紧张，土壤墒情差的地区和机械化播种的情况下，可先播种后覆膜，在播种沟处膜上压厚约 5 cm 的土埂；在劳力充足、土壤墒情好的地区，也可先覆膜后打孔播种，孔径 3 cm，孔上覆土呈 5 cm 土堆。无论哪种方式都要做到盖膜前喷好除草剂，提高盖膜质量。

（5）田间管理　出苗时及时破膜引苗，使侧枝伸出膜面。先盖膜后播种的及时撤土清棵，防止高温伤苗。中后期防旱、排涝。旺长的及时喷生长延缓剂控制。防治叶斑病，叶面喷肥防止早衰。

知识链接——花生优良品种

1. 海花 1 号

该品种由山东省海阳市杂交选育而成，山东省农作物品种审定委员会审定推广。

株型直立，疏枝。属连续开花亚种中间型。株高 40.0 cm，侧枝长 45.0 cm。结果枝 8 条，总分枝 8 条。果大，扁葫芦形。子仁扁椭圆形，种皮浅红色，无光泽。单株结果数 18 个，百果重 200 g，出仁率 74.5%。属中熟种。在山东莱西地区生育期 145～150 d。植株较矮，光合效率高，耐肥水，抗倒伏，最适于覆膜高产栽培。在全国的年最大种植面积超过 40 万 hm^2，累计推广面积达 467 万 hm^2。最适于高肥力地块，覆膜栽培，种植密度 12.8 万～13.5 万穴/hm^2，每穴两粒为宜。

2. 鲁花 11

该品种为大花生新品种，1993 年经山东省农作物品种审定委员会推广，1998 年获山东省科技进步二等奖。

该品种高产、稳产、适应性广，中等肥力产量 6 000 kg/hm^2 左右，丰产栽培 7 500 kg/hm^2。

该品种属中熟直立大花生，春播生育期 130 d 左右，夏播生育期 110 d 左右。株高 45 cm 左右，分枝 8～10 条，株型紧凑，结果整齐集中，百果重 210 g 左右，百仁重 90 g 以上。抗旱性强，较抗叶部病害，适应性广，高产稳产。

适宜中等以上肥力水平春播，高产地块覆膜栽培更能发挥其增产潜力。春播种植密度 13.5 万穴/hm^2，麦套 15 万～16.5 万穴/hm^2，每穴 2 粒，其他措施同当地品种。

3. 鲁花 14

该品种由山东省花生研究所选育，1995 年通过山东省农作物品种审定委员会审定，1996 年通过河北省农作物品种审定委员会审定，2000 年通过国家农作物品种审定委员会审定。

该品种属于早熟直立大花生，春播生育期130 d左右，夏播100 d左右。疏枝型，分枝8～9条，主茎高35 cm左右，株丛矮且直立、紧凑，节间短，抗倒伏。叶色浓绿，连续开花，开花量大，结实率高，双仁果率一般占70%以上，果柄短，不易落果。荚果普通型，百果重216.7 g，百仁重86.0 g，种皮粉红色，出米率71.4%，籽仁含油量52.12%，含蛋白质26.24%，O/L比率1.701。抗旱性强，较抗多种叶部病害和条纹病毒病。生育后期绿叶保持时间长，不早衰。株型分枝少，结果集中，适宜密植，春播15万穴/hm^2，夏播16.5万穴～18万穴/hm^2，每穴2粒。

4. 鲁花16号

该品种由山东省花生研究所经辐射与杂交相结合选育，1999年山东省农作物品种审定委员会审定推广。

该品种为普通型中熟大花生，生长势较强，整齐。生育期136 d，株型直立，株高38 cm左右，侧枝长41.1 cm，叶片椭圆形，连续开花习性，总分枝8.1条，结果枝6.2条。结果集中，单株结果14.6个，单株产量18.9 g，百果重215.5 g，百仁重96.3 g，出米率73.6%。抗病性一般，抗旱性较强。脂肪含量47.4%，O/L比率0.97。

5. 丰花1号

该品种由山东农业大学花生研究所培育，2001年山东省农作物品种审定委员会审定推广。

该品种属连续开花型，株型直立紧凑，荚果普通型，果大，百果重240 g，百仁重102 g，出米率72.6%。结果集中，双仁果率90%以上，单株结果数20～36，果仁符合大花生出口要求，花生仁质地香脆，有甜味。为中熟品种，生育期春播136 d左右，夏直播110 d，麦行套种125～130 d。生产性能好，产量潜力高，前期生长势强，中后期不旺长，地上生长与地下生长协调，特别抗倒伏，耐肥水，耐密植。

适宜密植，高肥水条件为12万～13.5万穴/hm^2，丘陵旱地和夏播15万穴/hm^2，每墩2株。中低产田不必化控，但高肥水条件及高产夏花生应注意化控防徒长。由于成熟期仍保持青枝绿叶，应注意及时收获。

2. 夏直播花生栽培技术要点

夏直播花生一般指麦茬直播，也有其他夏茬，近年有较大发展，为鲁东高产田小麦花生两熟制的主要方式，已形成较完善的技术体系。

（1）夏直播花生生育特点　生育期一般100～115 d，与春花生相比，有“三短一快”的特点。一是播种至始花时间短，约短15 d，苗期营养生长量不够，花芽分化少。二是有效花期短，仅15～20 d，若遇干旱、低温、光照不足，对有效花量、果针数、单株结果数和饱果数影响极大。三是饱果成熟期短，比春花生短25 d左右，因而单株饱果数不可能很多。“一快”是指生育前期生长速度快，能形成较大的物质生产能力。但是在肥水充足、高温多雨的情况下，容易徒长倒伏。

（2）高产栽培技术要点　一般种植在有排灌条件的高产田中，采用地膜覆盖栽培。夏直播花生高产途径概括为“前促、中控、后保”。前期促快长，促进群体发育；中期控制营养生长过旺，防止倒伏，促进荚果发育和充实；后期防治叶斑病，保叶，防止早衰。

具体栽培要点：培肥地力，多施基肥，麦收后抓紧时间整地、施足基肥；选用中熟或中早熟大花生良种；适当增加种植密度，适宜密度为 15 万～20 万穴/hm^2，每穴 2 株；抢时早播，前茬小麦收后应及时早种，力争 6 月 15 日前播种，最迟不晚于 6 月 20 日；加强田间管理，夏花生对干旱十分敏感，任何时期都不能干旱，尤其是盛花和大量果针形成下针阶段（7 月下旬至 8 月上旬）的需水临界期，干旱时应及时灌溉。同时，夏花生也怕芽涝、苗涝，应注意排水。

3. 麦田套种花生栽培技术要点

麦套花生一般指畦麦套种，小麦按常规种植，不留套种行。在小麦灌浆期套种，俗称夏套花生或麦套夏花生。麦套花生是黄淮海地区主要种植方式，鲁西及河南省面积更集中，山东省约 40 万 hm^2，河南省 70%是麦套花生。麦套花生有较大的高产潜力，已出现大面积 7 500 kg/hm^2 以上的高产地块，并形成了一套较完善的栽培技术体系。

（1）生育特点　麦套花生生育期介于春花生和夏直播花生之间，约 130 d 左右。麦套花生播种后与小麦有一段共生期，使花生有较长的生长期，有效花期、产量形成期和饱果期均比夏直播花生长。不利因素主要是遮光，近地层气温比露地低 2～5℃，出苗慢、始花晚、主茎基部节间细长、侧枝不发达、根系弱，基部花芽分化少、干物质积累少。遮阳下生长花生在麦收后去除遮阳，还需一个适应缓苗的过程，生长极慢。小麦灌浆期耗水很多，干旱时花生常出现“落干”、“回苗”现象，不易全苗、齐苗。麦套花生不能施基肥，苗期生长受影响。

（2）栽培技术要点　麦套花生高产关键是要苗全、苗齐、苗壮，有足够密度。重点做好以下几项工作：前作培肥，在小麦播种前施足两作所需肥料，或在春季重施小麦拔节孕穗肥兼作花生基肥；采用中熟大花生品种；适时套种，一般以麦收前 15～20 d 为宜，中、低产麦田可适当提前到麦收前 25～30 d 套种；足墒播种，提高播种质量，争取一播全苗；合理密植，一般为 27 万～30 万株/hm^2。主要种植方式是小麦等行距 23～30 cm 均可，以 25～27 cm 为宜，采用“行行套”的方法，使行、穴距大致相当，充分利用空间，也利于保证密度；麦收后及时灭茬、中耕、松土，以促根、壮苗、清除杂草；若基础肥力不足，应在始花前结合浇水，追施优质有机肥 1.5 万～3 万 kg/hm^2、尿素 300 kg/hm^2、过磷酸钙 450～750 kg/hm^2；花针期至结荚初期用多效唑控制生长过旺；中后期注意防治叶斑病，喷施叶面肥防止早衰。

第四节　花生病虫害防治

一、花生病害防治

1. 病毒病

（1）病症　我国花生病毒病主要有轻斑驳、黄花叶、普通花叶、芽枯等不同类型的病害。

1）花生轻斑驳病毒病　由花生条纹病毒引起，感病植株首先在顶端嫩叶上出现褪绿斑，随后发展成浅绿与绿色相间轻斑驳、斑驳，沿叶脉有断续绿色条纹以及橡树叶花叶等各种症状。早期感病植株稍矮化，后期矮化不明显。轻斑驳病在田间流行具有发病早、扩散快、形成高峰早、流行频率高的特点。

2）花生黄花叶病毒病　由黄瓜花叶病毒引起，病株开始在顶端嫩叶上出现褪绿黄斑，叶片卷曲。随后发展成黄绿相间黄花叶、网状明脉和绿色条纹等各种症状。病株中等矮化。黄花叶病具有发生早、形成高峰早的特点。

3）花生普通花叶病毒病　由花知矮化病毒引起，病株开始在顶端嫩叶出现脉淡或褪绿斑，随后发展成浅绿色相间的普通花叶症状。沿侧脉出现国徽状小绿色条纹和斑点。叶片变窄，叶缘波状扭曲。病株中度矮化，所结荚果多为小果，普通花叶病在花生生长前期发展缓慢，到生育中后期进入高峰，年份流行频率较低。

4）花生芽枯病　由番茄斑萎病毒引起，病株开始在顶端叶片上出现很多伴有坏死的褪绿黄斑或环斑。有的叶片坏死，沿叶柄和顶端表皮下维管束褐色坏死，并可导致顶端枯死。顶端生长受到抑制，节间缩短，植株明显矮化。

花生病毒病是花生的主要病害之一，严重影响着花生的产量和品质，在我国北方生产区尤为严重。

花生病毒病中的轻斑驳病、黄花叶病、普通花叶病通过种子和蚜虫传播，芽枯病主要由蓟马传播，种传病是这些病害流行的主要初侵染源。种传率高低主要受发病时期的影响，发病早，种传率高。种子带毒率与种子大小成负相关，大粒种子带毒率低，小粒种子带毒率高。传播病毒的蚜虫主要是田间活动的有翅蚜。一般花生苗期蚜虫发生早、数量大，易引起病害严重流行，反之则发病轻。花生苗期降雨少、气候温和、干燥，易导致蚜虫大发生，造成病害流行，反之则轻。

（2）防治方法　①采用无毒或低毒种子，杜绝或减少初侵染源。无毒种子可采取隔离繁殖的方法获得；②选用感病轻和种传率低的品种，并选择大粒子仁作种子；③推广地膜覆盖技术，地膜具有一定驱蚜效果，可以减轻病毒病危害；④及时清除田间和周围杂草，减少蚜虫来源；⑤搞好病害检疫，禁止从病区调种；⑥药剂治蚜，播种时采用3%的呋喃丹颗粒剂盖种，用药量为37.5～45 kg/hm²，也可用25%辛拌磷（812）盖种，用药量7.5 kg/hm²，花生出苗后，要及时检查，发现蚜虫及时用40%乐果乳油800倍液加新高脂膜800倍液喷洒，增强药效，以杜绝蚜虫传毒。

2. 青枯病

（1）病症　花生青枯病又叫“青症”“死苗”“花生瘟”等，是细菌性病。它危害花生的维管束，在短期内能使大量植株迅速枯死。花生青枯病从苗期至收获的整个生育期间均可发生，一般多在开花前后开始发病，盛花期为发病盛期。病菌主要侵染根部，使根端变色软腐，维管束组织变为深褐色，并自下而上扩展到植株顶部。将病部横切后，用手挤压，可见浑浊乳白色细菌液流出。感病植株期表现为主茎顶梢第一、第二片叶首先失水萎蔫，病势扩展后，全株叶片自上而下失水萎蔫，叶色暗淡，但仍呈绿色。植株从感病到枯死需7～15 d，植株上的荚果、果柄呈褐色湿腐状。

该病菌可在土壤中存活3～5年，在土壤中越冬的病菌是主要侵染来源，田间扩散主要借助于流水和工具，高温高湿是病害大发生的主导因素。

（2）防治方法　①最经济有效的方法是选用抗病品种；②轮作倒茬也可有效地控制青枯病发生，由于花生青枯病的寄主范围较广，轮作时要考虑好茬口安排，与红薯、玉米、谷子轮作或水旱轮作的方式较为适宜，轮作周期达3～5年；③药剂防治可采用25%敌枯双配制成毒土盖种，用1 000倍液灌根，用链霉素200～400 mg/kg（200～400 ppm）浸种或灌根。

3. 锈病

（1）病症　花生锈病在我国南方花生产区普遍发生，主要为害叶片，到后期病情严重时也为害叶柄、茎枝、果柄和果壳。一般自花期开始为害，先从植株底部叶片发生，后逐渐向上扩展到顶叶，使叶色变黄。发病初期，首先叶片背面出现针尖大小的白斑，同时相应叶片正面出现黄色小点，以后叶背面病斑变成淡黄色并逐渐扩大，呈黄褐色隆起，表皮破裂后，用手摸可粘满铁锈色粉末。严重时，整个叶片变黄枯干，全株枯死，远望如火烧状。不仅严重降低产量，而且也影响品质。

花生锈病通过风和雨水传染，一般夏季雨量多，相对湿度大，日照少，锈病往往比较严重。

（2）防治方法　①选用抗病品种。②加强田间管理，增施有机肥和磷、钾肥，做好防旱排涝工作，培育壮苗，提高植株抗病能力。③在田间病株率达到10%～20%时，可选用50%的胶体硫150倍液、敌锈钠600～800倍液、75%百菌清800倍液、1∶2∶200（硫酸铜∶生石灰∶水）的波尔多液、25%粉锈宁可湿性粉剂3 000～5 000倍，每隔10 d左右喷1次，连喷3～4次。敌锈钠不宜连续使用，应与其他药剂交替使用，每次喷药液900～1 125 kg/hm²。

二、花生虫害防治

花生的主要虫害有蚜虫、地老虎和蛴螬。

1. 蚜虫

蚜虫不仅吸食花生汁液，也是传播病毒的主要媒介。防治花生蚜虫必须立足早字，当每墩达到 10 头时，用 40%氧化乐果 1 000 倍液防治即可。

2. 地老虎、蛴螬

地老虎和蛴螬是地下害虫，不仅危害期长，而且危害严重，常造成缺苗断垄现象，是目前影响花生产量的最主要虫害。因地下害虫常在地下活动，隐蔽性强，防治困难，所以必须采取综合防治的方法。

（1）合理轮作　花生的良好前茬是玉米、谷子等禾本科作物，避免重茬、迎茬。

（2）秋季深翻　秋季深翻可将害虫翻至地面，使其曝晒而死或被鸟雀啄食，减少虫源。

（3）种子包衣　播前用种衣剂包衣，此方法也能有效地防止鼠害。

（4）土壤处理　播前整地时，用 3%呋喃丹颗粒剂 22.5～30 kg/hm^2 均匀撒施于田面，浅翻入土；或在播种沟内撒入呋喃丹颗粒剂，之后播种；也可将杀虫剂拌入有机肥内做基肥使用。

（5）防治幼虫　6 月下旬和 7 月下旬在金龟子孵化盛期和幼龄期，用辛硫磷颗粒剂 35～45 kg/hm^2 加细土 250～300 kg/hm^2，撒在花生根际，浅锄入土。也可用 50%辛硫磷或 90%敌百虫 1 000 倍液灌根。

思考与练习

1. 简述花生生产的国民经济意义及我国生产概况。
2. 花生根瘤的形成特点是什么？
3. 简述花生荚果发育过程。影响荚果发育的因素有哪些？
4. 简述花生地膜栽培技术要点。
5. 简述优质花生栽培技术。
6. 试述花生的需肥、需水规律和合理施肥灌溉技术。
7. 如何进行花生合理密植？其种植方式有哪些？
8. 花生清棵和培土的作用和技术是什么？

第七章 向 日 葵

学习目标：

◆通过学习理解掌握向日葵的经济价值与用途及生产特点

◆掌握向日葵的形态特征与生物学特性

◆掌握向日葵的栽培技术及病虫草害防治

第一节 概 述

向日葵属于菊科，向日葵属，通常叫向日葵，又叫朝阳花、太阳花、转日莲、葵花等。栽培种是一年生草本植物，是由野生种向日葵的突变亚种进化而来的。

一、向日葵的分类

向日葵的分类方法较多。如按生长期可分为一年生和多年生向日葵。一年生向日葵分布广，超过多年生向日葵。但多年生向日葵种数量却远远多于一年生。按习惯可分为野生向日葵、观赏向日葵和栽培向日葵。按种子用途可分为食用型、油用型和中间型等。

二、向日葵的经济价值和营养价值

向日葵是一种新兴油料作物，具有很高的食用价值和广泛的用途。向日葵子实含油率可达56%以上，一般油用种在40%以上，食用种20.3%。出油率因技术设施不同而异，目前油用种可出油35%，食用种28%左右，比大豆高1～2倍。向日葵油的质量也较好，颜色清澄、气味芳香，在国际市场上是受欢迎的优质油。向日葵油质量高，主要在于亚油酸的含量高，在北方可达70%，高于玉米、大豆、花生、棉子和油菜子油；并含有和亚油酸比例适当的维生素E，可以阻止亚油酸的迅速氧化，因此营养价值高并耐储藏。亚油酸可溶解胆固醇，防止动脉硬化，减少心血管疾病发生，对人体有较高的营养价值和保健作用，因此很多国家都大力发展向日葵生产，如乌克兰、印度、西班牙等都以向日葵油为主要食用植物油。

向日葵油除食用外，由于属于半干性油，在工业上也用途广泛。如可用于制造油漆、制革用油、印刷油、肥皂及蜡烛等，还是制造某些防治动脉硬化药品的原料。

向日葵子实除榨油外，还可以提取粗蛋白和维生素 A、B、D、E，制造人造肉、酱油、味精及糕点等。向日葵收获、脱粒、风选子实的残余物及皮壳、花盘、茎叶等都可加工成粉或制成颗粒饲料，1 kg 向日葵粉中含消化蛋白 31～112 g，可折合为 0.38～1.02 个饲料单位。用向日葵粉或颗粒喂饲家禽，还可以起到利尿、散毒、宜脾、和胃气、滑大肠、利小肠等医疗保健作用，有利于禽体健康。向日葵油饼中含粗蛋白 30%～36%，脂肪 8%～11%，糖分 19%～22%，是家畜、家禽的好饲料，用以喂鸡，可以降低蛋黄中的胆固醇含量 13%。花盘含有粗蛋白 7%～9%，粗脂肪 6.5%～10.5%，果胶 3%，灰分 10%，其营养价值接近精饲料，是养猪的好饲料，养一头猪一般可用 0.133 hm^2向日葵地的副产物。向日葵子实的皮壳约占子实重量的 30%，含粗纤维 50%、脂肪 20%及粗蛋白约 4%，除可作饲料的配料，提取酒精、糠醛等外，还大量用于制造纤维板。向日葵茎秆含 K_2O 36.3%，P_2O_5 2.5%，可作钾肥原料，也可造纸。葵花花期较长，花内富含蜜腺，是优质蜜源，0.4 hm^2地放蜂 1 箱，可收 30～35 kg 蜂蜜。种葵花同时养蜂，既可使葵花子实丰产，减少空壳，又可收获蜂蜜，二者相辅相成，相得益彰。此外，向日葵还有多种药用用途。

三、向日葵的起源、发展和生产特点

向日葵原产墨西哥、北美，在北纬 30°～50°，1510 年左右传入欧洲，1576 年的植物学文献中，名之为“太阳花”，沿用至今。向日葵最初是作为观赏植物种在植物园里，以后作为干果食用。18 世纪初引入俄罗斯，开始大面积种植。1779 年匈牙利开始用于榨油，此后才作为油料作物栽培。

我国向日葵种植近两年来发展也极迅速，面积达 80 万～100 万 hm^2，详见表 7—1。

向日葵主要分布在北方干旱、半干旱的十多个省（区），有春播和夏播两种。春播向日葵大多种在盐碱、旱、薄、低产地上，以食用种为主，广种薄收，管理粗放，单产仅百斤左右，但分布广、面积大，是我国向日葵生产的主要部分。夏播主要是无霜期较长地区复种向日葵，由于在冬小麦等夏熟作物之后，土地好，残肥多，多种油用种，产量可高于春播 1～2 倍，面积较小。

我国人多地少，大规模发展向日葵不能与粮争地。同时，向日葵有耐盐碱、耐瘠薄、耐干旱特点，而我国有盐碱土 0.2 亿 hm^2左右，还有大量瘠薄地，选用其中部分可耕地发展向日葵，是因地制宜、合理布局、扩大土地利用面积、发展油料作物的需要。但还需不断改良土壤，改进栽培技术。同时，要逐渐解决一些存在的问题。首先是各地的栽培品种多为农家食用种或 20 世纪 50 年代引入的油用种，大多混杂退化，对产量和经济收益影响很大，不少地方向日葵播种面积在耕地面积所占的比例过大，重茬、迎茬的面积过多，病害、列当发生

表 7—1　　2008 年全国向日葵种植面积及产量

地区	播种面积（千 hm²）	播种面积位次	总产量（t）	产量（kg/hm²）	产量位次
全国总计	964.20		1 791 721	1 858	
内蒙	407.60	1	755 992	1 855	6
新疆	179.50	2	428 655	2 388	3
黑龙江	107.30	3	128 182	1 195	10
吉林	62.70	4	121 745	1 942	5
山西	56.40	5	62 876	1 115	11
宁夏	31.30	6	87 961	2 810	1
陕西	26.20	7	37 271	1 423	9
甘肃	25.10	8	62 433	2 487	2
河北	23.50	9	35 274	1 501	8
辽宁	14.50	10	25 225	1 740	7
河南	7.00	11	14 257	2 037	4

严重，还有的地方和年份，空壳、秕粒率过高。此外，还要积极解决合理施肥、培肥地力、用养结合和合理密植等问题，以便把我国向日葵生产向前推进。

第二节　向日葵栽培生物学基础

一、向日葵形态特征

向日葵植株形态如图 7—1 所示。

1. 根

向日葵根是由主根、侧根、须根、根毛所组成。种子萌发时长出一条胚根，尖端的生长点进行细胞分裂，逐渐形成主根。主根入土深度一般为 1～2 m，有的可达 3 m 以上。由主根斜向伸展很多侧根，66%左右的根系分布在 0～40 cm 耕层土中，分布直径可达 1 m 左右。在侧根上生有大量的须很。侧根和须根上生有稠密根毛。根毛与土壤紧密接触，从土壤中吸收水分和养分。在开花前 10 d 里，可在土壤表层 10 cm 内生出水根，以吸收雨后土壤表层的水分。

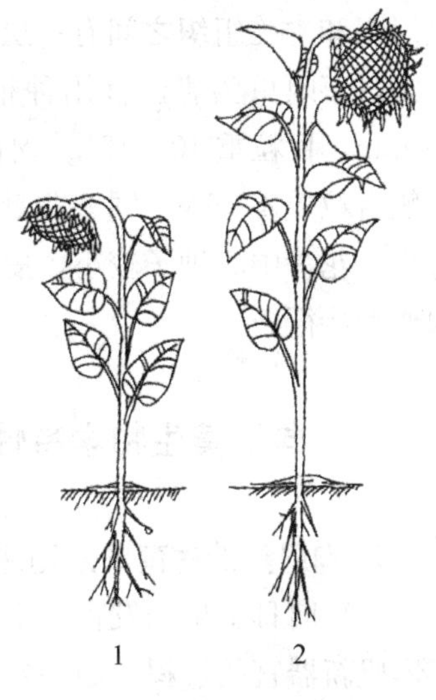

图 7—1　向日葵植株形态图
1—油用向日葵　2—食用向日葵

强大的根系能从更大范围内吸收和利用土壤中的养分和水分，具有抗旱、耐瘠薄的特性，并有支持和固定植株的作用，防止倒伏。

2. 茎

向日葵的茎直立，由皮层、木质部和海绵状髓（也就是秾）组成。表面粗糙，有坚硬刚毛，可以减少水分的蒸发，增强抗旱的能力。在地面上有 30 cm，地下有 15 cm 长，为茎的木质化部分，较坚硬，用以支持植株。幼茎颜色是不同的，一般可分绿色、红色、紫色、紫红色等。

3. 叶

向日葵叶片是进行光合作用的主要器官。刚出土时带壳的两片叶子叫子叶，也可以进行光合作用，供给幼苗生长所需要的养分。子叶顶端一节长出两片对生的真叶，着生在叶柄上。对生叶常为 1～4 对。接着每个节上继续生长一片单叶，直到茎的项端，呈螺旋状或互生排列。向日葵叶片数因品种而有不同，早熟品种一般 25～32 片，晚熟品种一般 33～40 片。同一品种在不同地区，由于栽培条件的变化，叶片数也不同。

向日葵叶的形状，野生种多呈披叶形，栽培种多呈心脏形。不同品种略有差异，有的呈长心脏形，有的呈短心脏形。叶端尖钝，叶缘缺刻深浅不等。

4. 花

向日葵为头状花序，着生在茎的顶端，俗称花盘。其形状有凸起、平展和凹下三种类型。花盘上有两种花，即舌状花和管状花。舌状花 1～3 层，着生在花盘的四周边缘，为无性花。它的颜色和大小因品种而异，有橙黄、淡黄和紫红色，具有引诱昆虫前来采蜜授粉的作用。管状花位于舌状花内侧，为两性花，花冠的颜色有黄、褐、暗紫色等。

5. 果实

向日葵的果实为瘦果，通常叫种子，由皮壳、种皮和胚构成。大多数油用种的皮壳在厚壁组织和木栓组织之间有一层硬壳层，又叫碳素层，是由 70%的碳组成的，可以防止或减轻向日葵螟虫为害。食用种很少有硬壳层，易受螟害。食用种的种子较长，一般为 15～25 mm，百粒重 10～15 g。油用种种子较小，短而宽，长 8～14 mm，子仁饱满，皮较薄，一般百粒重 4～6 g。同一花盘上的种子大小和形状也有差异。外圈的种籽粒大、皮厚、百粒重高。花盘中心种子较小，皮较薄。中部种子介于两者之间，大小均匀、整齐，具有本品种的典型特征。

二、向日葵生物学特性

1. 向日葵的生育周期和油分形成

（1）向日葵生长发育　生长是向日葵的各器官形体加大的过程，而发育是通过一系列转变形成新器官的过程。如一粒种子播种后不是种子变大变重，而是经过生根、发芽，直到开花结果，又形成种子，这个过程也就是个体发育过程。

向日葵生长发育要求一定的外界条件，如条件适合，生长发育就快，反之，生长发育就受到阻滞。生长和发育也是密切相连的，只有生长好才能发育好。同时必须在完成一定发育的基础上才能继续生长。但是，向日葵发育对外界环境条件的要求不是始终如一，即发育是分阶段的，不同阶段要求不同的外界条件，只有顺利通过不同发育阶段才能开花结果。向日葵要经过幼苗、现蕾、开花、成熟四个生育时期，见表7—2。

表7—2　　向日葵四个生育时期

幼苗期	向日葵播种后，当地温达到8～10℃时很快发芽，首先长出胚根，然后子叶伸出地面。在适宜的条件下，春播从播种到出苗需12～16 d，夏播由于播种时温度高，从播种到出苗仅需3～5 d 由出苗到3～4对真叶时为叶形成阶段。此时，地上部株高在20～25 cm。这一时期决定向日葵一生叶片数目的多少。如栽培条件不好，叶的数目可能减少。由3～4对真叶到7～8对叶为花原基形成阶段，这一阶段决定花盘的小花数（籽粒数）。由7～8对叶到现蕾期为小花分化雌雄花形成期。这一时期决定小花是否可育，即决定花原基能否形成正常的花，并决定能否结实。因此，在这个阶段需要较好的环境条件
现蕾期	当植株出现1 cm左右的花蕾时为现蕾期。从出苗期到现蕾期生育日数因品种不同而异，春播一般需35～50 d，夏播需28～35 d。一般在现蕾前后，植株生育最快，此时需要消耗大量的水分和养分
开花期	向日葵从现蕾期到开花期春播一般需25～40 d，夏播需18～21 d。在这一阶段是生长最旺盛的阶段。株高可增长总高度的55%，叶面积达到最大。消耗水分和养分最多，必须在这一阶段之前准备好条件，否则将影响生长，造成严重减产。开花盛期是在开花后3～5 d，一般一个花盘开花持续时间为10 d左右
成熟期	向日葵从开花期到成熟期春播一般需35～55 d，夏播需25～40 d，早熟种天数少些。成熟时需要晴朗天气，如雨水过多，空气湿度过大，会使病害加重

总之，向日葵各生育阶段的长短与品种、温度、播期有很大关系，同一品种在夏播或较高的温度、短日照条件下，各发育阶段将会加速，生育期缩短。

（2）向日葵油分形成　油分形成是向日葵生产的中心过程。向日葵通过繁茂的叶片进行光合作用只能产生单糖和淀粉，不能直接形成油脂和蛋白质。油脂和蛋白质都是由碳水化合物转化而成。能够转化成油脂的物质叫可塑性物质。可塑性物质既能形成油脂也能形成蛋白质。从子房形成初期就可看到可塑性物质从叶片或其他器官进入种子，一部分转化为多糖和蛋白质，一部分转化成油脂，也有部分消耗于呼吸作用。由于可塑性物质有转化成油脂和蛋白质的两重性，所以在向日葵种子中蛋白质含量和油脂含量是互为消长关系。即形成油分多，形成蛋白质就少，向哪个方面转化，与外界环境条件有很大关系。如气候、土质、肥料、灌溉、密度、播期等条件都能影响这个转化过程。

油的组成是碳、氢、氧等元素，蛋白质主要成分是氮。所以大量施氮，特别是生育后期施氮，就会使可塑性物质转化成蛋白质，种子含油量就会减少。因此，在施肥中适当控制氮肥施用，就能够提高种子含油率。充足水分可促使可塑性物质转化成油分。因此，在干旱地区进行灌溉，将显著增加向日葵含油率。

种植密度和含油率有关。适当密植可以提高种子含油率。因为密植时大量的氮素消耗于茎叶，进入种子里的氮素相对减少，因此，种子含油率相对提高。

植株染病，能使种子含油率显著降低。因此，防治病害或调节播期，适当晚播，躲过高温高湿季节都可能减轻病害的发生，起到提高含油率的作用。

2. 向日葵对环境条件的要求

向日葵对环境条件的要求见表 7—3。

表 7—3　向日葵对环境条件的要求

温度	向日葵原产美洲热带地区，是喜温作物，但又较耐低温，种植较为广泛。不同类型品种对温度的要求是不同的。向日葵计算积温的起点温度是 5℃。一般早熟品种活动积温为 2 000～2 200℃，中熟品种为 2 200～2 400℃，中晚熟品种为 2 400～2 600℃，晚熟品种为 2 600℃以上 向日葵种子在地温达到 2～4℃时就可以膨胀萌动，4～5℃时就可以发芽，6～8℃时完全满足出苗的需要。温度低，出苗时间长；温湿度适宜，出苗快，出苗整齐 向日葵对低温的忍耐力以苗期为最强，幼苗可忍耐短时间－7℃的低温。向日葵较玉米、高粱等所需发芽温度低，幼苗又耐低温，因此，有的地方根据这一特性，提前播种，用以错开农时 向日葵在成熟时如遇－1℃的低温，叶片就要脱落，在开花到成熟阶段如温度过高超过 40℃和相对湿度达到 90%，生长就要停止 向日葵耐低温，并不是喜欢低温。在温度适宜或较高时，生长发育明显加快。因此，播生育期显著缩短
光照	向日葵是喜光作物。它的幼苗、叶片和花盘都有强烈的向日性。叶和花盘随着太阳转，在地球上纬度不同的地区表现有些差异。在离地球赤道较远的高纬度地区，花盘转动的方向是，早晨向东，中午向南，傍晚向西；在低纬度地区是，早晨向东，中午向上，傍晚向西。这种现象在向日葵大部分小花完成授粉以后就停止了。原因是这时小花受精，子实逐渐形成，“头”越来越重，向下的重力超过了横向的转动力，因此，花盘就不再随太阳转动了。花盘停止转动后，花盘 90%以上是向东南方向倾斜的 向日葵属于短日照作物。一般品种对日照反应不敏感。光照对向日葵正常生长发育有很大作用。生育前期有充分的光照能使幼苗健壮，防止徒长；生育中期充足的光照能促进茎叶繁茂生长，花盘发育正常，生育后期充分的光照有利于养分的制造和储运，保证籽粒饱满。此外，向日葵的边际效应是比较突出的，很大程度反映了对光照需要的迫切
水分	向日葵是抗旱力较强的作物，其原因一是它具有强大的根系，入土深，分布广，能够吸收土壤的深层水分。二是茎上有密生的白色茸毛，可以降低茎表面温度，减少水分蒸发。茎秆中充满海绵状髓，能储存很多水分。三是叶面上有一层蜡质层，能减少水分的蒸发；既能从土壤中获得大量的水分，又有节约用水的特性，所以向日葵抗旱性强 向日葵株高，叶密而大，消耗水分较多，因此它需水多，每制造 1 kg 干物质，需要消耗 469～569 g 水。播种后，种子发芽需吸收种子本身重量 56%的水分，因此要求土壤有足够的水分。从出苗到现蕾是抗旱力最强的阶段。这是因为这段时期地上部生长缓慢，叶面积小，蒸发不大，主要是生长根系。因此，这个阶段需水不多。此时，适当的干旱，有利于根系发育，使植株健壮，避免徒长，有“蹲苗”作用。从现蕾到开花是向日葵一生中需水最多的时期。这一阶段时间较短（约 17 d），而需水量却占整个生育期总需水量的 43%左右，要求土壤含水量保持在最大持水量的 65%以上。这时如遇干旱应及时进行灌溉，对于提高向日葵产量和含油量有决定作用。从开花到成熟时期需水量较少，此时晴天多，对向日葵生长有利，如雨水过多，将会引起叶斑病发生，造成减产

续表

土壤	向日葵个体发育大，对养分的需求量也多，因此，土壤肥沃、土层深厚疏松对它的生长极为有利。但它对土壤选择并不严格，在瘠薄、盐碱地上也能生长，特别是耐盐的能力比一般作物强。一般含盐在0.4%以下的盐碱地上，都可以种植向日葵。向日葵耐盐碱能力强与细胞吸收水分能力强有关。盐碱地盐分较多，土壤溶液浓度大，一般作物细胞液浓度低，因吸收水分发生困难而枯死，而向日葵细胞液浓度比土壤溶液浓度高，它仍然能吸收到水分，所以能生长。它的耐盐力比玉米约高一倍，比小麦高60%。在盐碱地上种植向日葵后，土壤中的盐分和碱化度有所减轻，所以群众称它是生物制碱的“先锋作物”
营养	向日葵一生需要营养元素的种类很多。但需要量大的是氮、磷、钾，据试验分析，一般50 kg葵花子需N 1.65～3.0 kg，P_2O_5 0.75～1.25 kg，K_2O 3.15～6.95 kg。对钾的需要高于其他作物 氮在向日葵体内含量一般占干物质重量1%～3%。虽然含量不多，但对向日葵生命活动起着重要作用。因此，合理施用氮肥，能使向日葵生长旺盛，叶色浓绿，光合作用效率高。如氮肥不足时苗期生长缓慢，茎细叶黄，生育中期缺氮，下部叶片早期变黄，花盘小。如氮肥施用过多，会造成茎叶徒长，贪青晚熟，而且还影响油分的形成 磷在种子胚中含量最多。磷素营养不足，就会影响细胞的形成和增殖，植株生长就会受到抑制。磷素还参与向日葵体内糖类的合成和运转过程。缺磷时体内碳水化合物和蛋白质的合成受阻，影响幼芽和幼根部分细胞的分裂和生长。同时还影响叶里糖分的形成，使运转到根和种子等部位的糖减少，结果阻碍根系生长和影响种子的饱满。所以栽培向日葵不可忽视磷肥 钾是向日葵需要最多的一种营养元素。当钾素不足时，植株生长缓慢，油分也要降低，抗逆性和抗病力都要减弱。严重缺钾时，细胞将严重脱水，造成整个细胞死亡。因此，应该供应充足的钾素营养

第三节　向日葵栽培技术

一、向日葵轮作

1. 轮作的重要性

轮作对于向日葵具有特别重要的意义。因为向日葵植株高大繁茂，从土壤中吸收的养分比一般作物多。因此，连作向日葵必然使土壤养分消耗过多，失去平衡，使地力难以恢复，而向日葵本身也难以生长良好，无法保持并提高产量。研究表明，向日葵重茬比玉米茬减产9.6%，比春小麦茬减产10.6%，比马铃薯茬减产11.9%，比莱豆茬减产达23.2%。

其次，向日葵伴生一种寄生杂草列当，寄生在向白葵的根上吸收水分和养分，使向日葵生长发育不良。连作可使列当扩大蔓延，严重减产。因此，必须进行长周期轮作，才能减少其侵染危害。

此外，向日葵病害较多，在各地发生的有褐斑病、黑斑病、菌核病（又称白腐病）、灰霉病、霜霉病、锈病等，病原菌都在土壤中越冬，可通过土壤侵染向日葵。一些虫害如葵螟、蛴螬、小地老虎等在土壤中以卵或幼虫越冬，下年继续危害。如不轮作，病菌、害虫得以积聚，为害较为严重。实行轮作换茬，可以给病虫创造不良环境条件，抑制其繁殖蔓延，避免其扩大为害。目前对于病害尚无经济有效的防治方法，抗病品种可以解除一些地方的病害，但大多数地方和品种还不是免疫性的，因此，必须依靠正确的轮作来解决病害的传播。轮作是最经济有效防治病、虫、草害的办法。

2. 向日葵对前茬的要求

向日葵对前茬要求不甚严格，除甜菜和多年生深根系牧草以及重茬外，一般作物（主要是浅根系禾本科作物）均可作为向日葵的前茬。而以豆科作物作前茬，向日葵产量最好。但是，菌核病严重发生的地块不能种向日葵，因向日葵和豆科作物可相互感染菌核病。其次是谷类作物如玉米、麦类，因其为浅根系，而使深层养分水分积累较多以及有残肥有关。

总的看来，向日葵不可重、迎茬，不可种在深根系作物之后，要注意防除病、虫、草害。

3. 轮作周期和方式

向日葵轮作周期的长短和方式，主要是依据病害的病原菌和列当种子在土壤中保持生活力的时间长短确定。例如，列当种子在土壤中能存活 8～10 年，在列当发生严重地区都主张 10 年以上的轮作周期；而在一般病害如黄萎病、霜霉病、白腐病发生地区，轮作周期可较短。

我国北方向日葵主产区，特别是东北、内蒙古等地向日葵轮作一般为期较短，3～4 年不等，其方式主要为：

（1）春播薄地　向日葵—谷子—玉米；向日葵—玉米—谷子；向日葵—大豆—玉米（高粱）。

（2）新垦盐碱荒地　黑豆（磨石豆、糜子）—向日葵—谷子（糜子）—玉米（高粱）。

（3）夏播复种　冬小麦复种向日葵—玉米—油菜复种玉米；油菜复种向日葵—玉米—冬小麦复种玉米—冬小麦复种向日葵。

（4）辽宁中、南部　麦、葵复种—玉米—大豆—高粱等四圃轮作。

在把草木樨绿肥引入轮作以及提倡至少 5 年轮作周期的情况下，轮作方式应提倡：向日葵—草木樨—玉米—谷子—高粱；向日葵—玉米（高粱）—高粱（谷子）—谷子（玉米）—草木樨。

二、选地

向日葵对土壤适应性是很广的，一般 pH 值在 5.5～8.5，偏酸到偏碱性的土壤，重黏土到轻沙质土壤，有机质达 10%～15%的黑钙土到南方的砖红壤和有机质低到 1%的淡黑钙土上均可种植。但仍以在土层深厚、腐殖质含量高，结构良好，保水、保肥强的黑钙土、黑土以及肥沃的冲积土上栽培更为适宜。世界上向日葵大面积高产的地区多分布在肥沃的黑钙土、黑土及冲积土上。

我国向日葵却大多种植在北方盐碱滩地、风沙、旱、薄地区，其原因是多方面的，主要是向日葵具耐盐碱、旱薄的特性，可以在其他粮食作物不易抓苗，或生长不良的盐碱、滩地、干旱瘠薄地上生长，并取得较好的经济收益。因此，从作物合理布局，不与粮、棉争地，充分利用土地资源等方面来看是比较经济合理的。并且由于我国有盐碱地几亿亩，至今尚未得到充分开发利用，向日葵的发展仍有广阔前途。

向日葵由于根系庞大，茎、叶繁茂，收获后根系腐烂可以中和部分土壤碱性，覆盖面积大，可以抑制盐分上升，还可以吸收一部分盐分经收获带出地外。据巴盟农科所的分析，向日葵茎秆中含盐量可高达10%左右。各地群众实践也普遍认为向日葵有改良盐碱土的作用，是垦殖盐碱土的先锋作物。

三、深耕与整地

向日葵根系庞大，干重为全植株的20%～25%，在肥沃的土壤上，根系的66%分布在0～40 cm土层内，横向分布直径达1～1.5 m。其根容量可比玉米高20%～50%，特别是向日葵从现蕾到开花阶段，吸收大量水分与养分，全都要通过土壤来供给，所以创造一个深厚的保水保肥、通气性良好的土层是很有必要的。在机械耕作的地区，应从秋翻地开始就为土壤积蓄水分养分创造条件，如尽可能早翻地以便积蓄大量的秋冬雨雪，防止径流损失。早翻的垡块在吸收大量水分后，经过冬、春冻融，春季经过耙、压、拖，形成细碎疏松、结构良好的土壤，如把有机肥或过磷酸石灰、尿素等在翻地前均匀施入，翻到地里效果就更好。

我国北方机耕地区一般翻深20～22 cm。宜在生育期结合中耕用深松犁进行深松，以打破犁底层，加厚土层。深松深度一般可达30 cm以上，可与深翻地有互补作用。深松还可在播前深松，即先在原行间施肥后深松垄沟，秋后破垄台成新垄以待播种。在小麦、油菜等早播作物收获后，夏播向日葵可在播前施肥后耕翻，结合深松或浅耕灭茬后在播种部位深松。中耕深松宜在第一遍中耕时在垄内进行，不宜过晚，以免伤根，并促进根系生长。

浅耕耙地栽培可用圆盘耙或缺口重耙来进行，可起到浅耕灭茬、耙平耙细、疏松表土的作用。也可结合施肥来进行。耙地后立即拖平，做到上虚下实，防止跑墒，同时可使播种深度一致。

四、播种

1. 精选良种

播种用种子，首先应选用纯度较高的优良品种或杂交种，其次应选较大饱满的种子。据试验，千粒重85 g的种子比67 g的种子可增产150 kg/hm^2，同一品种，粒小、粗蛋白含量低的种子生长势弱，出苗10 d后根重1 g，地上茎重3 g；而大粒种单株根重2.2 g，茎重

6.1 g。同时，粒大的种子由于植株发育早，提前形成强大根系，初花期可提早 2～5 d，对提高产量有明显的作用。

就一个花盘来说，认为花盘外缘种子最大，千粒重高，皮壳比较厚，皮壳率高，用这样的种子播种，根系不发达，不抗旱，含油率也较低；花盘中心的种子小，千粒重低，皮壳薄，用这样的种子播种，营养不良，生长势弱。因此均不宜作为种子。最好是二者之间的种子，在选种时一般都要过两个筛子选取中间的饱满种子。

知识链接——向日葵优良品种

1. 油用向日葵杂交种“龙葵杂 5 号”

该品种由黑龙江省农科院经济作物研究所杂交选育而成，2005 年经黑龙江省农作物品种审定委员会审定推广。

属中熟种，生育日数 105 d 左右，生育期活动积温 2 250℃左右。株高 180 cm，茎粗 2.1 cm，叶数 35 片。花盘平展，倾斜度 4 级，花盘直径 21 cm。子实黑色，卵圆形，百粒重 5.9 g，皮壳率 28.35%，结实率 80%以上。子实含油率 53.60%，中抗菌核病。抗旱、耐瘠薄、耐盐碱。

人工点播或用精量点播机播种，保苗 37 500 株/hm^2。选择中等肥力以上，不重茬、不迎茬的地块，细致整地，施足底肥。

2. 油用向日葵杂交种“龙葵杂 6 号”

该品种由黑龙江省农科院经济作物研究所杂交选育而成，2005 年经全国向日葵鉴定委员会鉴定推广。

生育日数 97～102 d，生育期活动积温 2 150℃，株高 150～180 cm，茎粗 2.1 cm，无分枝，花盘直径 20 cm，平盘。结实率 80%以上，百粒重 6.0 g，子实黑色，卵圆形，子仁率 71.5%，子仁含油率 59.36%。

2004 年经吉林省向日葵研究所对参加全国油用型向日葵杂交种生产试验进行的田间鉴定表明：该杂交种没有发生霜霉病、黄萎病和菌核病，褐斑病和黑斑病发病为 1 级，没有发现其他检疫对象。

适应于东北、山西、内蒙巴盟地区及新疆石河子地区等种植。

3. 食用向日葵品种“龙食葵 1 号”

该品种是由黑龙江省农业科学院经济作物研究所杂交育成的食用向日葵新品种，2002 年 3 月经黑龙江省品种审定委员会审定推广。

中晚熟种，生育期 115 d，需活动积温 2 300℃左右，株高 230 cm，花盘直径 25 cm 左右，百粒重 17 g，籽粒灰白条，长锥形，籽粒饱满，子仁率 53.5%，结实率 80%左右，子仁蛋白含量 35.77%。

该品种具有中抗菌核病、抗叶斑病（褐斑病、黑斑病）等多抗性特点。

4. 大粒食用向日葵品种“龙食葵2号”

该品种是由黑龙江省农业科学院经济作物研究所杂交育成的食用向日葵新品种，2003年3月经黑龙江省农作物品种审定委员会审定推广。

生育日数117 d，需活动积温2 350℃，属中晚熟种，株高235 cm，茎粗3.0 cm，花盘直径25 cm，百粒重19 g，皮壳率48%，结实率80%左右，子仁蛋白含量34%。籽粒黑色白边，粒长2.5～3.3 cm，宽约0.9 cm，食味香酥，品质优良。

抗菌核病，也抗霜霉病和锈病，叶斑病特轻，只有零星病斑。

5. 龙食杂1号

该品种是由黑龙江省农业科学院经济作物研究所杂交育成的食用向日葵新品种，2007年经全国向日葵鉴定委员会鉴定推广。

食用型向日葵杂交种，属中早熟种、全生育期105.5 d。株高200.8 cm，叶数32.2片，茎粗2.6 cm，花盘直径20.1 cm，花盘性状平盘，花盘倾斜度3级，倒伏率4.0%，折茎率1.35%，百粒重18.4 g，粒形长形，粒色黑褐边，粒长2.5 cm，粒宽0.8 cm，单盘子实重93.9 g，结实率69.29%，单盘粒数1 107.6粒，子仁率55.26%，子实蛋白质含量17.19%。保苗37 500株/hm^{2}左右。

2. 播种量确定

一般机械播种用条播机进行等距点播，播种量是根据公顷计划保苗株数、种子千粒重、发芽率以及田间损失率按公式计算而来：

$$\text{播种量（kg/hm}^2\text{）}=\frac{\text{公顷计划保留株数}\times\text{种子子粒量}}{1\,000\times1\,000\times\text{种子发芽率}\times\text{（1－田间损失率）}}$$

田间损失率一般以计划保苗株数的10%～20%计算。

用计划保苗株数和平均每穴点种粒数来确定人工穴播向日葵播种量。由于不习惯测试种子发芽率和每千克粒数，往往每穴播种5～6粒，亦即计划保苗株数的5～6倍，甚至更多。以大播量保全苗，以致造成不必要的浪费，并增加间苗迫切性和人力的负担。因此，应在播前筛选饱满种子，测定发芽率，根据发芽率适当增加田间损耗，并计算每千克粒数，掌握适宜播量，减少每穴下种粒数，避免出苗拥挤和浪费种子。

3. 播种期确定

向日葵播种期基本上取决于当地无霜期长短和所用品种生育日数或积温的多少。一般油用种多属早熟或中早熟，需有效积温1 700℃以上，食用种多属中熟或中晚熟，需积温约1 900～2 000℃，可因品种不同而略有差异。但是，由于向日葵对短时间的早霜和晚霜均有耐受力，幼苗可耐短期－5～－3℃的低温，植株可耐－7℃短时间低温，因此，实际播种时间伸缩性较大。

春播适宜播期仍然应在 6 cm 地温连续 4～5 d 稳定到 8～10℃时为好。过早播种，温度不足，不能出苗，种子埋藏过久，易受病菌感染，或鸟、鼠、虫害，造成幼苗瘦弱或缺苗；过晚播种，对积温利用有损失，可能影响成熟和减产。食用种生育期长，应比生育期短的油用种适当提早播种。总之，各地气候条件不同，适宜播期应通过试验加以确定。

4. 播种方法及播深

向日葵播种方法最普遍的是人工穴播、一般犁耧播种法及机械开沟点种。

穴播法可以任意选择株距，在行上按要求的株距用镐刨埯，点子，点肥，覆土。覆土较浅，约 5 cm。在干旱地区或春旱年需坐水种的地方也多采用刨埯种，可以节约用水。一般在东北干旱地区播种，除坐水穴播外，还可在垄沟点子，覆土较厚，约 6～8 cm，保墒较好；在湿润地区，一般用扣种法、怀种法，覆土较浅，约 3～5 cm，生育较好。华北一般用耧种，覆土也较浅，有利于出苗。播种前种子应先进行清选，种子标准达到净度>99%，发芽率>96%，可采用 35%多克福大豆种衣剂，按种子重量的 5%～6%拌种，可防苗期病虫害。

机械播种一般多用条播机开沟，等距排种点播。有的地方平播到底。东北一般实行平播后起垄，可调节根系生长条件，并有利于雨季蓄水、排水和干旱时进行沟灌。

播种深度主要视土壤墒情和各地土壤保墒力而定。墒情好宜浅，墒情差宜深；黑土、黏重土壤、盐碱土宜浅，沙壤土宜深。在干旱地区一定要把种子点到湿土上，并加强镇压，适当厚覆土以提墒、保墒。如在沙质土上可覆土 7 cm 左右。播种过浅，幼苗出土把皮壳带出，子叶被夹住不能展开，影响生长。而在湿润黏重土壤上则以 3～4 cm 深为宜。

总之，向日葵是双子叶植物，且带皮拱土，比单子叶植物出苗困难，在墒情许可情况下，播种宜浅不宜深。此外，在一块地上播种，深浅应力求一致，以免出苗不整齐，造成整个生育期生育不一致，影响管理效果和收获。

五、种植方式

向日葵在种植方式上有清种和间、混、套、复等多种。

1. 清种

清种也叫单作。无论春播或夏播，清种都是主要方式。这种方式由于一地一种作物，田间管理比较方便，便于耕作和机械化。

2. 间、混作

近年来向日葵与绿肥作物间、混作的种植方式采用比较广泛。特别是间作，其目的实际上就是利用矮棵作物搭配来为向日葵创造密植增产条件，并且把用地和养地结合起来。既种了绿肥，又不减少当年经济收益。这种方式特别有利于我国目前以高秆农家品种为主的生产。

间作主要由于在清种的基础上进一步扩大了向日葵的行距，改善了光照、通风、温湿度等小气候条件，避免了清种密植引起的过度遮阴郁闭，从而既可以通过缩短株距来增加单位面积密度，又可在密植情况下保持个体生长良好。向日葵生长喜欢较多的光照，幼苗、叶片及花盘都有强烈的向日性，遮阴对其生育是很不利的。

间作产量增加是由个体性状改善而来的，如边行花盘直径大于中行的 5 cm，籽粒较多等。如适当增加边行密度，产量还可提高。间作行数一般以两行为好，可以较充分地利用边行效应，发掘个体增产潜力。间作中株距，一般两行应种清种三行以上的株数。此外，间作是集约栽培方式，在提高密度的基础上，必须相应地加强水、肥管理，以充分发挥其最大的综合增产作用。

向日葵间、混作的矮棵作物，在北方大多为草木樨、磨石豆及大豆等豆科绿肥作物，其中以草木樨应用较广泛。原因是豆科作物作为间作物可以起到培肥土壤、恢复地力的作用。

3. 套种

套种大致有三类。第一类是在向日葵行间套种草木樨，在东北西部地区近年来发展迅速。这种方式在不影响向日葵生长的情况下，可使低产土壤得到适当的培肥。这种套种方法是在清种向日葵 6 月末，最后中耕封垄后开始进入雨季前，将草木樨子撒在行间垄沟及垄帮上，然后轻拖浅覆土。雨后很快即可出苗，可以高度密植。以后不加管理，到 8 月中、下旬，向日葵下部叶片老枯脱落，草木樨可获较多光照。向日葵 9 月初收获后，草木樨还可生长 20 d 以上，到秋株高可超过 20 cm，二年生草木樨还可形成越冬芽，如利用其返青，可缩短一年种草时间，或翻压肥田，可培肥土壤。这种套种方法，草木樨因受遮阴，生长并不太好，但不占地，所以目前各地面积均不小。

第二类是华北的三种三收套种方式，如麦、葵、草间套种，即春麦（或胡麻）套种向日葵，麦收后再套种草木樨。套种向日葵的时间是在小麦照垄以后，过早、过晚均不适宜，因为两种作物生长势均很强，容易相互抑制。

第三类是冬小麦春季套种玉米，麦收后再套种向日葵的方式，即在 2.3～2.7 m 宽的畦内种小麦 1.7～2.0 m，畦埂 67 cm 套种 2 行中熟种玉米，小麦收获后又套种 4～5 行向日葵，增产效果也很显著。

4. 复种

复种向日葵是近年来在生育期较长地区采用的一种种植方式，辽宁中、南部和华北等地均很普遍，成为我国发展向日葵的重要途径之一。复种向日葵一般多在冬小麦收获之后，也有在春小麦、油菜、大麦、豌豆和绿肥压青之后的。由于这些作物收获后还有相当长的生育期，所以，播种早熟种可以成熟。

复种夏播比春播有许多优点。由于多数在麦茬上复种向日葵，土壤比较肥沃，一般是上、中等地，小麦施肥、灌水多，深层水分充足，有残肥；土地有灌水条件，遇旱能灌，夏播温度高，营养生长期短，油用种植株矮小，有利于密植，开花期可躲过高温多湿季节，病害较少。此外，由于地好，农民乐于投资，一般对向日葵还进行追肥，因此产量较高。夏播向日葵除产量较高外，出油率也较高。

总之，利用冬小麦和其他早熟作物之后的剩余生育季节复种向日葵，是发展和提高我国向日葵单产的有效途径之一。

六、合理密植

向日葵植株高大，根深叶茂，生长迅速，合理密植是保证增产的重要环节。合理密植实质上就是根据具体条件，正确处理好个体和群体间生长发育的关系。因为密度过大，个体营养面积缩小，相互遮阴、郁闭，光照、空气、水分、养分等条件不能满足生长需要，以致个体生长细弱，葵盘小，秕粒多，产量下降，反过来又影响群体产量；密度过小，个体营养面积扩大，环境条件改善，生长发育虽然很好，但个体生产力不可能无限提高，不能充分利用地力和光能，产量也要下降。正确处理好个体和群体关系，一般来说，在保证在个体生长良好的前提下，争取有最大群体、最大密度，以充分利用地力和光能，获得群体最高产量。

合理密植除了可以增加子实产量外，还可以一定程度地提高含油率，降低皮壳率。但是，合理密植不是孤立的，和品种、土壤、气候、施肥、灌水等栽培和环境条件有密切关系。密度增减必须和环境条件相适应，有栽培条件的相应配合。提高产量是综合因素相辅相成的结果，同时也是相互制约的。

向日葵品种大致有食用和油用两种，食用种一般植株高大，根深、叶茂，占地面积较大，如吉林省的长岭、白葵花，山西的三道眉等株高均在 3 m 左右，叶数在 30 片以上，高度密植会引起徒长，茎秆细弱，遇风倒伏、茎折。同时过密还会相互过度遮阴郁闭，导致光照通风不良，病害蔓延，因此不耐过度栽培，生产上一般株数约为 22 500 株/hm^2，甚至更低为 16 500 株/hm^2。油用种或杂交种则不同，一般株高在 2 m 以下，则适于密植，株数一般为 40 500～45 000 株/hm^2。因此，要提高密度，以大群体增产，应选用矮株的油用种。

七、向日葵田间管理

向日葵是中耕作物，生长快，发育早，只有适时进行田间管理，改善生长发育条件，促控其生理活动，才能保证产量和品质的提高。

1. 补苗和间苗

（1）查田补苗　向日葵是双子叶作物，幼苗出土时要带壳拱土，所以比较困难。春播向日葵一般种在瘠薄地上，特别是盐碱地上，干旱使地表结成硬块，出苗更加困难。另外，由于春旱及播种粗放，覆土过深、过浅，种子发芽率低，鸟、鼠、虫为害等都可以造成缺苗，严重的可达二三成。因此，在出苗后应及时进行查田，并根据苗情及时补苗。由于苗期根系发育较快，移栽后成活率较高，如带土、坐水，一般成活率可达 90%以上。因此，一般多补栽而少补种，以免影响植株的整齐度。补栽也应该宜早、宜小，要在一对真叶展开时进行，因此时幼苗只有十条主根，便于移栽，否则苗越大，伤根缓苗耽误生长。补栽用苗最好在种时先在行间地头播好预备苗。如必须补种，应用温水浸种催芽。

（2）间苗　向日葵大多为人工点播或穴播，一般每穴下种 3～5 粒不等，甚至更多，出苗后甚为拥挤，如不及时疏苗间苗，幼苗徒长细弱，影响壮苗的培育。特别是向日葵在出土后不久，茎内即开始形成花盘原始体，接着便进行小花分化，小花数目多少是未来花盘粒数多少的基础，取决于这一阶段生长条件的好坏，如这一阶段外界环境条件适宜，小花数目就会增多。因此，必须及时进行间苗，促进盘大花多，否则一旦错过时机，即使增加管理、改进措施也不能挽救减产损失。

2. 中耕除草

中耕除草的目的在于疏松土壤，调节土壤水、气、热状况，促进根系发育和消灭杂草，一般应进行两三次。向日葵叶宽大而多，对杂草有较大抑制作用，但在苗期由于株行距较大，仍需注意消灭杂草。第一遍应用手锄结合疏苗进行除草，如果杂草较多或在盐碱地上，为了破除地表板结层，促进出苗，可在出苗前铲萌头土。但要严加注意，不要铲苗眼，以免伤及幼芽。第二次除草最好结合定苗进行，避免定苗后除草伤苗。第三次除草则应于封垄前进行。

中耕一般结合除草进行。最后一次中耕培土封垄约在苗高 60 cm 时，不宜过早或过晚，过早过深影响生长，过晚易伤根打苗，最好在锄地后 5 d 左右进行，结合封垄，消灭锄后草，并防止倒伏，且可起到晒根和促进气生根发育的效果。

3. 打杈与授粉

（1）打杈与打叶　向日葵有的品种有分枝特点，多的达 40 个，每个叶腋均可生出一个枝杈来，这些枝杈也可以形成花盘和子实，但由于营养供应不足，一般盘小，盘心大，籽粒少，空秕粒多。同时，由于养分分散，也影响主茎花盘发育，致使花盘变小，子实产量和质量下降。因此，应经常打杈，并且要早打，打彻底。山西省定襄县群众打杈的经验是：“支杈一冒，立即打掉”“有没有，抠一抠，省得以后再返手”。

还有的地方有打叶喂猪的习惯，这是不好的习惯。因为，叶子是制造养分的主要器官，植株的生长、子实的饱满、产量的形成和提高，都靠叶面积的扩大、光合效率的提高和光合时间的延长来实现，因此打叶必然引起严重减产。

（2）授粉　向日葵自花不结实是生理特性之一，必须通过蜜蜂来授粉。授粉不好往往造成大量空壳，最常发生在花盘中心。导致空壳的原因包括：土壤和空气干燥，影响花粉粒的良好发育；花期多雨影响蜜蜂活动；花粉粒黏结妨碍授粉；花期气温超过 35℃，可使向日葵不育，花期营养缺乏等。但最重要的还是缺少蜜蜂的缘故。蜜蜂的多少直接影响向日葵的结实率。

在蜂源缺乏的地方，应及时进行人工辅助授粉，以提高结实率。人工授粉在上午露水稍失后 9～11 点进行，这时花粉较多，生活力旺盛，授粉效果好。若过早，花粉易受露水黏结；若过晚，天气炎热，花粉粒生活力减退。下午 3 点以后，如有花粉，也可以进行人工授粉。授粉方法：可以头碰头，但这种方法容易扭伤花盘。最好用授粉拍子，即用硬纸壳剪成直径约 10 cm 的圆形，放一团棉花，再用纱布连硬纸壳一同包起，在硬纸一面扎紧，有棉花的一面呈半圆形凸起，即为粉拍子。授粉时一手握拍，一手握花盘，顺垄挨株在花盘上轻按、轻拍，拍子上粘上大量花粉，又可使各株花粉互相传授。

八、向日葵施肥与灌溉

1. 施肥

向日葵株繁叶茂，需要养分比一般作物多。因此，肥料丰缺直接影响它的生长、发育和产量的形成，还与油分的形成也有密切关系。实践证明，向日葵越是种在瘠薄的土壤中，施肥的效果越是明显。生产中往往将它种在薄地上，因此，合理施肥显得更为重要。要做到合理施肥，必须根据向日葵的营养特性、需肥规律以及与外界环境条件的关系，结合肥料特性，进行适时、适量的施肥，才能获得最好的肥料效果。

（1）营养特性　据研究，向日葵植株体内至少含有 60 种天然元素。一般认为必需的营养元素有 16 种，它们是碳、氧、氢、氮、钾、钙、镁、磷、硫、氯、铁、锰、硼、锌、铜、钼。前 9 种为大量元素，后 7 种为微量元素。其中碳、氧、氢三元素含量最多，约占向日葵干物重的 90%以上。其中碳来自二氧化碳，氢来自水分，而氧除来自水分还来自空气。其他元素都是从土壤中吸收的。

1）向日葵营养元素含量　向日葵和其他植物一样，除含有 80%以上水分外，还含有 10%以上的干物质。干物质中主要元素是碳、氢、氧、氮和其他一些经燃烧后不挥发的元素（称为灰分）。向日葵的灰分含量是比较高的，全株灰分含量为 11%，其中子仁灰分含量为 3.2%～5.4%，茎为 6.3%，叶为 17.4%，花盘为 14.4%。

应该指出，向日葵的营养元素含量并不是恒定不变的，随着品种的变化、栽培条件的不同而有所不同。同时，元素含量和需要量不一定成正比，因为有些元素可能偶然被植株吸收，甚至还能大量积累；反之，有些元素对于向日葵，虽然需要极少，但却是它生长不可缺少的营养元素。如向日葵体内钠元素含量虽多，但不是生长发育很需要的元素，而含量微小的钼元素则对向日葵的生长发育起到很大的生理作用。

2）向日葵对营养元素的吸收　向日葵吸收营养元素的器官和吸收水分一样，主要是根，叶片也可以少量吸收。叶部吸收也称为“根外营养”。叶部吸收的养料一般是从叶片角质层和气孔进入，最后通过质膜而进入细胞内。向日葵为双子叶植物，叶面较大，角质层较薄，溶液易于渗透。因此根外追肥的效果优于一般单子叶植物。

（2）施肥技术　向日葵施肥技术，必须是根据其吸收营养的特性、土壤肥力水平、当地气象因子的变化以及不同的栽培条件，因地制宜确定其肥料种类、施肥时期、施肥方法和施肥数量，才能充分发挥肥料效用，达到增产的目的。

各地高产典型证明，向日葵高产和其他许多作物一样，仍然是以有机肥配合化肥施用，基肥、种肥和追肥结合施用，效果好，产量高。

1）基肥　基肥多以有机肥料为主，如家畜粪尿、人粪尿、家禽粪、堆肥、绿肥和土杂肥等。这些肥料的有机质含量高，长期施用可以提高土壤肥力，为生长发育创造良好的土壤环境。同时肥效持续的时间长，养分齐全，配合施用化肥就能保证为向日葵持续不断地供给充足的营养。

基肥的施用方法有撒施、条施和穴施，根据不同地区、不同耕作方式和肥料数量的多少，采用不同的施肥方法。在春播地区，如基肥数量充足，则采用撒施。随着秋耕或春耕，将肥料均匀撒在地面，然后耕入土层。如肥料数量少，一般采用穴施，即随着播种同时，刨埯将肥料施在种子的上面或下面；或采用条施，随耕地将肥料施入犁沟内；或机械平播条施。条施和穴施的肥料比较集中，分解释放的养分便于根系吸收利用，但对培肥整个地力的作用较差。

在复种地区，因向日葵的前茬作物收获后要及早抢种，劳力紧张，一般多在前作施用较多的有机肥料，向日葵利用其后效。这种施肥方式同样能提高产量。

基肥的施用数量主要根据土壤肥力水平、肥料质量和栽培密度来确定。肥力水平低，栽培密度大，肥料数量要加大些。肥料质量低，也要加大基肥的数量，一般施 22.5～30.0 t/hm^2。

2）种肥　向日葵的种肥以速效性肥料为主，如尿素、硝酸铵、过磷酸钙、重过磷酸钙、磷酸铵、氯化钾、硫酸钾等化学肥料，以及腐熟后的人粪尿、草木灰等农家肥料。人粪尿含氮比较高，容易分解，肥效快，效果好，所以群众也当做速效性氮肥，作为向日葵的种肥。草木灰在农村称为小灰，含钾量最多，也含有较多的钙和磷，以及少量的镁、铁、硫、钠、硼、锰等元素，作为向日葵的种肥是可以的，但施用前需加水或混些湿土，以免降低种子层的湿度，影响种子的发芽。

用做种肥的磷素化学肥料有过磷酸钙和重过磷酸钙（也称三料过磷酸钙）。施用低量不发生烧伤种子和幼根的现象。但肥料本身含有游离酸，对种子发芽有一定影响。如游离酸含量高，肥料直接接触种子也是不利的。在盐碱地上种植向日葵，以过磷酸钙作种肥，保苗效果很好。由于向日葵的磷素营养临界期早，加之磷在土壤中易被固定，移动性小，所以磷素化学肥料作为向日葵的种肥，对其生长发育和增产均有明显的效果。

用做向日葵种肥的钾素化学肥料有硫酸钾和氯化钾。均为化学中性和生理酸性肥料。我国土壤虽含有较多钾素，但在施用氮、磷水平高的条件下，增施钾肥的增产效果是明显的。

种肥的用量应根据土壤肥力水平高低、基肥用量多少、栽培密度大小来定。肥沃土壤，基肥用量又多，可少施种肥；瘠薄土壤，基肥用量又少，应增加种肥用量。一般施用人尿 75 000 kg/hm^{2}左右。用氮素化学肥料，施纯氮 45～75 kg/hm^2，用磷素化学肥料，施纯磷 15～30 kg/hm^2；用钾素化学肥料，施纯钾 117 kg/hm^{2}左右或草木灰 1 875 kg/hm^{2}左右。

施用种肥的方法应按肥料性质和栽培措施的不同进行合理选择。最应提起注意的是在施用化学肥料时，特别是施用量大的氮素化学肥料，必须和种子保持一定距离，至少 3.5 cm 以上。不论施在种子旁或种子下都应有土层隔离，否则将产生不良后果。对于腐熟良好的有机肥料，直接接触种子或盖在种子上，均不会影响出苗。

3）追肥　向日葵是需肥较多的作物，在肥力水平低的土壤上，仅靠基肥和种肥，不能满足现蕾后对养分的需要。所以根据不同生育时期的需肥状况进行适量的追肥是必要的。

追肥以氮素化肥为主，配合一定量的钾肥。一般追施磷肥效果不显著，所以磷肥均作为种肥，而不作为追肥施用。追肥的肥料种类有硝酸铵、尿素、碳酸氢铵、氯化钾等化肥，以及腐熟的人粪尿、草木灰等速效肥料。此外还包括一部分锌、钼、锰、铜等微量元素肥料。

向日葵的追肥数量和时期主要根据其不同生育时期需肥状况、土壤供肥能力、气候条件以及施用基肥和种肥数量等因素确定。同时在生产上，往往还要和田间管理措施结合起来。

向日葵从现蕾到开花这个时期正是营养生长和生殖生长同时进行的旺盛生长阶段，需要养分多而集中，所以追肥应安排在这个时期之前。一般氮肥和钾肥是在 7～8 对叶时追施效果较好。播种时没施肥的土地，必须早施追肥。播种时单施磷肥，则第一次中耕时应施氮肥。氮肥的施用数量，一般追硝酸铵 150～225 kg/hm^2，或碳酸氢铵 3 600～3 750 kg/hm^2，或尿素 120～150 kg/hm^2。钾肥的施用数量，一般追氯化钾 225 kg/hm^2。

追肥方法，生产上多采用穴施法，如密植也可采用条施法。一般是在距向日葵根茎基部 10～17 cm 处刨小坑施肥，随即覆土。施肥深度，视追肥种类及土壤墒情而定。

2. 灌溉

向日葵由于根系发达，吸水力强是抗旱能力较强的作物。特别是有约 34%的根系分布在 40 cm 以下土层，可以吸收下层水分，干旱时，主根可深入 2～3 m 处吸收深层水分。向日葵因植株高大，叶多，叶大，蒸腾强烈，需水也是较多的，所以在干旱情况下灌溉仍然是必须的，并且效果也很明显。向日葵是深根作物，必须结合施肥进行播前灌溉，而生育期灌溉是次要的。

我国向日葵产区多在北方干旱或半干旱地区，因此，灌溉对向日葵播种、保苗、增产和增油都有重要作用。灌溉方法大致有播前灌、播种时坐水和生育期灌三种。

（1）播前灌　是指秋收后春播前灌水。播前灌又分秋、冬储水灌溉和春灌。

秋灌是在作物收获后趁结冻前进行的充分灌溉，灌水入渗深，土层中保储水分多，灌水量大，特别是深层可以获得一定的水分补充，经过冬、春冻融，土壤疏松，结构良好，表层水分充盈，春播时地表 5 cm 地温可比不灌地提高 1～2.5℃，有利于种子萌发、保苗、生长，以及满足生育期抗旱对深层水分的需要，是最好的灌溉时期，优于冬、春灌。要达到秋灌地保苗率都在 90%以上，应在早春拖耢一遍，造成上虚下实，防止失墒。

冬灌是在土壤结冻后进行的灌溉，可以利用冬闲扩大灌溉面积，不过冬灌因土壤已结冻，水分入渗深度小，多集聚在表层，灌水量小，而且不匀，蒸发损失较大。

春灌是在播前的灌溉，灌后能下去犁就进行播种。春灌入渗深度也较小，但因天气逐渐转暖，土地化冻也逐渐加深，入渗深度比冬灌深。春灌水量不可过大，否则因深层未解冻，不能下渗，可能影响适时播种，同时易产生板结。春灌要安排好灌水顺序，一般是早播地块先灌，晚播地块后灌。

秋、冬储水灌，可以调节农忙、农闲，还可以不同程度地利用土壤冻融作用疏松土壤，种植任何作物一般均较增产，所以应加以提倡。春灌对于抵御春旱也是有力措施，没有进行秋、冬灌的地方，也应积极进行春灌。

灌水方法以沟灌和畦灌最好。沟灌是在未经翻耕的原垄作地上应用，即使用原垄沟进行灌水，根据地势高低，选较高的垄做斗渠和毛渠，可把水引向全地块；畦灌是在秋收后到播种前，土地经过翻、耙、拖后，先用机械或畜力拉筑埂器打畦筑埂，然后逐畦灌溉，畦可宽1～2 m，畦面要找平。这种灌法，灌水量大，灌水均匀，抗旱时间长。畦灌后适时拖平畦埂，用机械平播或畜力打垄播种均可。

（2）播种时坐水　即坐水播种，在没有灌溉条件，或灌溉条件较差的地方，为保全苗和节约用水，抓紧进度，在稀植穴播作物或穴播地区，比较广泛地采用此法，即刨埯、浇水、点子、点肥、覆土的坐水播种方法。这种方法用水经济，保苗效果好，是抗旱保苗的可靠措施。

（3）生育期灌溉　生育期灌溉在降雨少的干旱地区，对于提高产量和含油率具有非常重要的作用，没有进行播前灌溉的地区效果更明显。在一次播前灌溉的基础上进行一两次生育期灌水，增产效果最好。

生育期灌水要掌握三个关键时期，即现蕾、开花和灌浆期。向日葵从出苗到现蕾，需水仅占用一生总需水量的19%，而现蕾到开花，需水量却占总量的43%，这一阶段是向日葵旺盛生长阶段，对水分十分敏感，水分供应不足，就可能影响生长造成严重减产，因此必须灌溉。在灌浆期，叶子中的养分向种子里输送是靠水分的作用，严重干旱可能造成花盘瘦小，空秕粒增加，以致严重减产。因此，灌水也是必需的。

近些年来喷灌技术有所发展，在地形不整的丘陵、坡地等不便于沟、畦灌的地方，喷灌具有特殊的优越性，不仅可以湿润土壤，而且在花期喷灌可以解除空气干旱对授粉的影响。

九、向日葵收获和储藏

1. 收获

适时收获是保证向日葵子实产量和质量、丰产丰收的重要环节。什么时候收获最好，取决于子实成熟度和含水量。一般在生理成熟时可收获，但由于子实含水量过大，收获后晾晒困难，极易霉烂变质，所以，还需经过几天自然干燥、脱水，使含水量降到15%左右，达到工艺成熟期，才进行收获。

在生理成熟期半月之前是油分旺盛形成期，约25 d，这个时期可形成子实含油率的80%。比如，一个含油量为42%的品种，这一时期能形成油分30～32%，平均每天形成1.3%左右。在生理成熟前12～15 d，油分形成势头减慢，但未停止，这一时期可形成含油率5%～6%，过早收获，生理成熟过程没有结束，将造成损失。但也不能收获过晚，过晚种子过干，遇风易引起落粒，遇雨易致烂头还受鸟害，产量损失很大。

我国的向日葵收获都用人工割盘，在场院里摊晒、脱粒、扬净后入库。脱粒用石磙压堆，或人工敲打。机械收割可用普通联合收割机，适当加以改装，主要是加大间隙、降低转速。为了利用葵盘作为饲料，一般不用机械进行收割，以免打碎，难以利用。

2. 储藏

向日葵的安全储藏，主要决定于种子含水量。食用种的安全含水量要求达到10%～12%，用手较易按裂的程度。其次是杂质，由于杂质多为打碎的茎秆、花盘、花萼等有机物，含水量往往大于种子2～4倍，很易引起种子含水量的提高，因此必须加以清除，清洁度应达98%以上。

油用种比食用种储藏困难得多，由于油用种含油量高，水分存在的亲水胶体部分较小，临界水分也较低。所谓临界水分，就是种子中酶活动停止的水分含量。超过这个水分含量，酶就打破休眠开始活动。酶活动产生呼吸，引起自热和油分的分解，降低油的质量，甚至自燃、炭化，造成损失。并且油用种的皮壳薄，在收获、脱粒、运输，特别是机械收获脱粒的过程中，易破碎、脱壳，形成有机杂质，极易受霉菌侵染，引起自热和变质。

向日葵在储藏期间保持干燥低温，可以延长种子寿命。高温、高湿则易使种子衰老、变质而丧失发芽能力。因此，库房要有通风、降温设备。

第四节　向日葵病虫草害防治

一、向日葵病害防治

目前我国已发现向日葵病害30余种。东北地区主要有菌核病、褐斑病和霜霉病。

1. 向日葵菌核病

（1）症状　菌核病的症状基本包括立枯型和烂盘型两种。

1）立枯型　自幼苗到开花阶段，发病部位在幼茎基部，绕茎形成15 cm长的水浸状病斑。湿度大时病斑上长出白色菌丝，干燥后茎基部收缩，全株立枯死亡。由开花到灌浆阶段，茎秆中上部也可出现病斑。茎上病斑处并长出白色菌丝，茎软化中空，内有坚硬的不定形黑色菌核，容易风折倒伏；未折断枯死的病株，种子也空秕不饱满。

2）烂盘型　开花期染病，花瓣似落而不落，花盘背面病斑呈褐色水浸状，天气多雨，病势蔓延迅速，很快全部盘发病，长出白色菌丝，种子内外形成菌核，花盘肉座和颈脖逐渐腐烂，花盘腔里也生成许多不定形菌核。由于植株受风吹摇动，种子从肉座上脱落，菌核也掉落在地上。最后花盘颈脖处呈纤维状破碎。发病较轻的花盘，局部有病，不会腐败脱落，但是有病种子和菌核被白色菌丝缠绕成块状。脱粒时许多小粒菌核就混杂在种子中传播。

（2）病原　病原菌属于子囊菌亚门，柔膜菌目，核盘菌属真菌。菌核呈不规则形，鼠粪状，表面黑色，内层粉红色，经长期干燥后则变为米黄色。菌核在土中萌发，产生子囊盘，子囊盘上产生很多子囊，每个子囊内生有 8 个子囊孢子。子囊孢子单细胞，无色，椭圆形。子囊孢子萌发形成菌丝。菌丝白色，有分枝，具隔膜。

（3）发病规律　病菌以菌核在土壤、病残体和种子里越冬，次年春季菌核萌发产生子囊盘，释放子囊孢子进行初次侵染。这一病害不产生分生孢子，故其发生主要取决于子囊孢子的初次侵染。但菌丝也有侵染能力，故一些菌丝片段或病株与健株接触均可起到扩大为害范围的作用。

该病发生程度主要取决于菌源多少和当年降雨量的多少。向日葵花盘受害主要在谢花以后，如此期以前多雨，对菌核产生子囊盘和子囊孢子极为有利，花盘受害重。如谢花后继续多雨，病害迅速扩展，为害更重。幼苗及成株期茎部被害程度也主要取决于菌源量及降雨量。如越冬菌核多，来年在发生期多雨，有利于子囊盘的形成与侵入，发病也重。

（4）防治方法　①选用抗病品种。向日葵品种大都多不抗病，但也有发病较轻的品种。所以可选用或选育耐病品种；②清除病株。把向日葵病株连同前作物的感病植株连根拔除，拿出田外毁掉，以减少土中的菌核量；③深翻地，把菌核深埋地下，抑制萌发出土；④及时中耕除草，可以直接切断子囊盘柄，并移动菌核位置，可减少菌核病的发生；⑤与非寄主植物进行轮作；⑥药剂防治。

2. 向日葵褐斑病

（1）症状　在向日葵整个生育期均可受害，主要为害幼苗和成株叶片。幼苗期的子叶病斑呈圆形或半圆形，稍凹陷，褐色，其上生很多小黑点，使子叶过早枯干。成株叶片上病斑呈褐色不规则形或多角形，病斑周缘有黄色晕环，叶背面病斑灰白色，其上生很多小黑点，严重时很多病斑可联合成片，使叶片变黄枯死。发病多从下部叶片开始，叶尖病斑较密。叶柄和茎上病斑呈窄条状，暗褐色。

（2）病原　向日葵褐斑病菌属半知菌亚门，球壳孢目，壳针孢属真菌。病菌的分生孢子器呈球形，褐色。其中生有很多分生孢子。分生孢子为鞭状，无色，稍弯曲，有 2～7 个隔膜，一般多为 3～5 个隔膜。

（3）发病规律　病菌以菌丝和分生孢子器在病残体内越冬，来年以分生孢子为害子叶，病叶上产生的分生孢子借风、雨传播，进行扩大再侵染。病害在多雨年份发生重，一般重茬地比轮作地发生重。

（4）防治方法　①减少越冬菌源。进行秋翻或轮作效果好；及时摘除病叶并集中烧毁；②选用抗病品种；③加强田间管理，及时中耕除草，增施肥料，提高向日葵抗病性；④喷药防治。发病初期，可用 50％多菌灵可湿性粉剂或 50％甲基硫菌灵可湿性粉剂喷雾，用药量 1.5 kg/hm^2，兑水喷雾。

3. 向日葵霜霉病

（1）症状　基本上有六种类型：

1）延迟植株生长型　带病种子出苗后生长迟缓，苗高在 1～12 cm 以下，瘦弱，叶子淡绿色，叶背面布满灰白色霉层，花盘直径 1～3 cm，不结实。

2）节间短、植株硬化型　病苗长到 30 cm 高时，再次受到感染，茎硬化，节间短粗，叶片皱缩，花盘小而无子。

3）褪绿斑型　当年健株感病后，在叶片主脉附近出现大型褪绿斑，在病斑背面覆盖一层灰白色霉层。

4）隐蔽型　土中病菌感染种子发病，从根向上扩展到茎基部，再往上没有明显症状。

5）花干枯色暗型　花盘有病部位的花，干枯色暗。成熟期花盘健康部位呈柠檬色，有病部位仍保持绿色，种子小而白，无病部位的种子正常。

6）晚型　由于土中病菌感染植株上部，病菌传给种子，当年不表现症状，第二年表现为延迟植株生长型和节间短、植株硬化型，所以也叫做隐蔽型症状。病菌卵孢子在种子皮壳膜中过冬，第二年发芽侵入种子和幼苗。

（2）病原　向日葵霜霉病菌属于鞭毛菌亚门，霜霉目，单轴霜霉属真菌。病斑上的灰白色霉层为病菌的孢囊梗及孢子囊。孢囊梗呈单轴分枝，分枝与主轴成直角，中梗顶端钝圆、无色、基部膨大。孢子囊为卵圆形，无色，透明，具有乳头状凸起。

（3）发病规律　病菌主要以卵孢子在种子和土壤中病残体上越冬，来年卵孢子萌发产生游动孢子侵染向日葵幼苗的根，并向顶端分生组织生长，6～11 d 到达分生组织，形成系统侵染。一般多导致幼苗枯死。发生轻微者可随植株生长，产生孢子囊，不断向上传播，蔓延，表现植株矮小以致不结实。秋季产生卵孢子落入土壤和侵入种子内越冬。

一般早播比晚播发病重；重茬地发病重，轮作地发病轻；向日葵幼苗与成株期降雨多有利此病发生。此外，品种间抗病性有明显差异。

（4）防治方法　①减少越冬菌源。进行秋翻或轮作效果好；秋收后及时处理病残体；②选用无病种子，建立无病田留种，也可用甲霜灵（瑞毒霉）拌种；③加强田间管理，及时中耕除草，增施磷、钾肥，提高向日葵抗病性。

二、向日葵虫害防治

向日葵螟是东北地区向日葵的主要害虫，属于鳞翅目，螟蛾科。

1. 危害

仅发现危害向日葵一种作物和菊科飞廉属的一些野生植物。以幼虫为害，主要蛀食向日葵种子；其次也咬食花盘和萼片，受害的花盘蛀成许多隧道，其中充满被咬下的碎屑和排出的粪便，遇雨湿易引起腐烂，降低产量和质量。

2. 形态特征

老熟幼虫体长 15 mm 左右，灰黄色，腹面带有浅绿色，背面有 3 条暗色或淡棕色纵带，头部淡褐色，前胸背板淡黄色，气门黑色。

3. 生活史及习性

向日葵螟一年发生 1～2 代，第 1 代为害最重。以老熟幼虫在土中做茧越冬。第 1 代成虫于7月中、下旬开始出现，发生盛期约在8月上中旬，第2代成虫发生于8月下旬至9月上旬。成虫有趋光性，白天潜状在向日葵地附近的杂草地里，受惊后可做短距离飞翔；夜间在花盘上取食花蜜、产卵。幼虫期约18～20 d，共4龄，1～2龄幼虫取食筒状花，一般3龄蛀食子实，一头幼虫可食害子实5～8粒，第2代幼虫多为害生育较晚的花盘中心部分，或为害分枝型向日葵的分枝花盘。幼虫为害时，在花盘上吐丝结网，粘连虫粪及蛀食碎屑，沿子实排列的缝隙形成丝网的隧道，幼虫在隧道中活动取食。老熟时，立即落入土中做茧越冬。

4. 防治方法

（1）向日葵收获后，及时耕翻，消灭越冬幼虫。

（2）选用耐害的硬壳品种。

（3）适当提早播种，可减轻或避免第一代幼虫为害。

（4）药剂防治。在成虫盛发期，可用2.5%溴氰菊酯（敌乐死）乳油125～225 mL/hm^2，兑水喷雾。幼虫期可用90%晶体敌百虫500～1 000倍液或50%杀螟硫磷乳油800～1 000倍液。

三、向日葵田化学除草

目前，能用于向日葵田的除草剂主要有地乐胺、氟乐灵、高效盖草能、精稳杀得、精禾草克、拿捕净、农思它、扑草净、施田补、收乐通和威霸等。下面介绍几种常用药剂。

1. 48%地乐胺乳油

主要防治一年生禾本科杂草和某些阔叶杂草。向日葵播前或播后苗前施药。用量3.0～4.5 L/hm^2。在干旱条件下，播前或播后苗前施药为好，及时耙地混土，耙深播前为4～6 cm，播后苗前为2～4 cm。喷液量人工450～750 L/hm^2，机动200～500 L/hm^2。对后作茬作物安全。

2. 10.8%高效盖草能乳油

主要防治一年生或多年生禾本科杂草。向日葵苗后从杂草出苗至生长盛期均可施药。在禾本科杂草3～5叶期施药效果最好，最好在杂草出齐时施药，以免后期杂草长出而不得不二次施药，造成不必要的浪费。杂草3～4叶期，用375～450 mL/hm^2；4～5叶期，用450～525 mL/hm^2；5叶期以上，用药量适当酌加。防治多年生禾本科杂草，3～5叶期，用600～900 mL/hm^2。人工背负式喷雾器喷液量300～450 L/hm^2，拖拉机牵引或悬挂喷雾100～200 L/hm^2。高效盖草能单用喷液量用低量，与防治阔叶除草剂混用时用高量。不应使用超低容量喷雾，以免因药剂飘移造成邻近地块禾本科作物受害，以及因飘移或挥发导致药效降低。注意风向、风速，风速超过4 m/s应停止作业；应特别注意周围敏感作物（如小麦、玉米、水稻等），避免发生飘移危害。对后茬作物安全。

3. 25%农思它乳油

主要防治一年生禾本科杂草和某些阔叶杂草。向日葵播后苗前施药。用量4.5～

6.0 L/hm²。喷液量人工喷雾器 450～600 L/hm²，机动喷雾机 200 L/hm²以上。在干旱条件下施后浅混土有利于药效发挥。对后茬作物无影响。

4. 50%扑草净可湿性粉剂

主要防治阔叶杂草。向日葵播后苗前施药。用量 2.0～4.0 kg/hm²。喷液量人工喷雾器 450～600 L/hm²，机动喷雾机 200 L/hm²以上。对后茬作物安全。

5. 12%收乐通乳油

防治一年生或多年生禾本科杂草。向日葵苗后，禾本科杂草 3～5 叶期施药。用量 525～600 mL/hm²。当杂草小或施药时田间水分好、杂草生长旺盛、空气相对湿度大时用低药量；杂草叶龄大、田间干旱、空气湿度低时用高药量。防治芦苇等多年生禾本科杂草在 40 cm 以下，用量 1.05～1.2 L/hm²。全田施药或苗带施药均可。喷液量人工喷雾器 150～450 L/hm²，机动喷雾机 75～150 L/hm²。在禾本科杂草 4～7 叶期，雨季来临田间湿度大，用较低药量能获得好的药效。施药时注意风速、风向，不要使药液飘移到小麦、玉米、水稻等禾本科作物田，以免造成药害。对后茬作物安全。

6. 33%施田补乳油

防治某些禾本科杂草和阔叶杂草。向日葵播后苗前施药。用量 3.75～4.5 L/hm²。喷液量人工 450～600 L/hm²，机动 200 L/hm²以上。在干旱条件下应浅混土，耙深 2～3 cm。对后茬作物安全。

思考与练习

1. 向日葵具有哪些营养与应用价值？
2. 向日葵对环境条件的要求有哪些？
3. 向日葵种植方式有哪些？
4. 向日葵种子处理方式有哪些？
5. 向日葵播种时应注意哪些事项？
6. 向日葵常见病虫草害有哪几种？

第八章　烟　　草

学习目标：

◆通过学习理解掌握烟草生产在国民经济中地位与类型及区域划分

◆掌握烟草的形态特征与生物学特征

◆掌握烟草的栽培技术及病虫草害防治

第一节　概　　述

一、烟草在国民经济中的地位

烟草属茄科烟草属的草本植物，是一种高税利的经济作物，全世界大约有 120 个国家和地区种植烟草，总面积约 421.6 万 hm^2，总产量 700 万 t 左右。

烟草也是中国重要的经济作物之一，烟草行业每年为国家提供利税占国家财政总收入的 7%～10%。烟草还是重要的出口物资。主要出口国家是美国、加拿大、巴西、津巴布韦、希腊、印度、保加利亚、马拉维和意大利。中国烟叶品质与国际市场要求存在某些差异，出口量很少，出口单价也只相当于美国、加拿大烤烟出口价格的 1/4～1/3。

二、烟草生产概况

烟草原产于中南美洲，目前已知有 60 多个种，绝大多数为野生种，栽培种只有普通烟草和黄花烟草。烤烟、部分晒烟、晾烟、白肋烟、香料烟、雪茄烟等都属于普通烟草种。在烟草生产中烤烟占主要地位。烤烟种植面积较大的国家有中国、美国、印度、巴西、加拿大等。

三、烟草类型

烟草类型是根据烟叶品质特点划分的。一定的品种、栽培技术和调制方法所形成的烟叶，在外观性状、化学成分、香吃味和实用性上具有明显差异，构成了不同的烟草类型（见表 8—1）。卷烟工业可以利用不同类型烟叶的品质特点适当调配，制成不同风格的产品。

表 8—1　　中国的烟草类型

烤烟	人工利用火管加热控制温湿度，使烟叶逐渐变黄干燥，显示出香味等风格特征。是卷烟工业的主要原料，栽培面积最大。适宜种植在中等肥力的壤土或沙壤土上，烟叶化学成分中含糖量较高，蛋白质和烟碱含量适中
晒烟	利用太阳光直接照射使烟叶变黄干燥的烟叶为晒烟。有晒红烟和晒黄烟两种，是水烟、斗烟、雪茄填心烟、嚼烟、鼻烟和卷烟的原料。中国著名的晒烟有四川的“毛烟”和“柳烟”、东北的“关东烟”、湖南的“凤凰烟”、河南的“邓片”等。晒黄烟一般栽培在肥力不太高的土壤上，留叶数较多，打顶较高，外观及化学成分近似烤烟。晒红烟则种植在肥力较高的土壤上，打顶较低，留叶数较少，叶片肥厚，晒后呈深褐色、紫褐色，化学成分中含糖量低于晒黄烟，蛋白质及烟碱含量较高
晾烟	在晾房内自然干燥（不直接受阳光照射）、缓慢调制的烟叶为晾烟。白肋烟和雪茄外包皮烟都属于晾烟。此外，中国还有其他类型的晾烟，如广西武鸣晾烟，为整株挂晾，晾制后烟叶呈暗褐色，油分足，弹性强
白肋烟	白肋烟原是美国的一个晾烟类型，为 Burley 的译音，由于其风格独特，被单列为一个烟草类型。茎秆和叶脉均呈乳白色，适于种植在氮素较高的肥沃土壤上。晾制后叶色深褐，烟碱含量较高，含糖量较低，叶片薄，填充力高，吸收能力强，容易吸收卷烟工艺中的加香加料，具有白肋烟独特的香味，是制造混合型卷烟的主要原料之一
雪茄烟	指制造雪茄烟的原料，包括芯叶、内包皮和外包皮三部分。芯叶要求燃烧性好，香味浓；内包皮弹性好，叶脉较细；外包皮要求叶片薄而细致，色泽均匀，燃烧较好，弹性强，一般为晾制
香料烟	又称土耳其型或东方型烟草，属浅色晒烟，但香味独特，另成一类。适于有机质少、肥力较低、表土较薄的山坡沙砾土上种植。叶片小而厚，叶的化学成分介于烤烟和晒黄烟之间，香味浓郁，是混合型卷烟的主要原料之一
黄花烟	花冠为黄绿色，叶片小，呈心脏形，生育期短，晒制干燥。我国甘肃较多，新疆、吉林、黑龙江有一定量生产。兰州的青丝烟、东北的蛤蟆烟和新疆的莫合烟等都是著名的黄花烟。黄花烟化学成分中，烟碱、总氮、蛋白质含量较高，含糖量较低，劲头大，吸味浓烈

四、中国烟区划分

中国烟草分布的特点是：烤烟面积最大，产区也较为集中；晒烟面积较小，产区也较分散；白肋烟面积小但产区集中。全国大致划分为七个烟区。

1. 黄淮海烟区

本区包括内蒙古东南部，河北、山西、山东、陕西、河南大部以及江苏、安徽淮河以北地区。黄淮海烟区是中国最大的烤烟产区，种植历史最久，面积最大，约占全国面积的40%，烤烟产量约占全国烤烟总产量的一半。河南的“许昌烟”、山东的“青州烟”在国际市场上享有一定的声誉。

2. 西南烟区

本区是我国第二大烟区，包括云南大部、贵州全部、川南、黔西和桂西南，以烤烟为主，有一定量的晒、晾烟。近几年来，云南烤烟品质优良，深受国内市场欢迎。

3. 东北烟区

本区包括黑龙江、吉林、辽宁三省的大部分。东北部烟区晒红烟分布较广，统称“关东烟”。烤烟主要分布在辽宁的凤城、岫岩、西丰，吉林的延吉、和龙，黑龙江的牡丹江、佳木斯等地。

4. 长江上中游烟区

本区包括陕西南部、湖北西部、甘肃东南部和四川盆地。长江上中游烟区是中国晒烟和白肋烟的主要产地。四川的“毛烟”和“柳烟”，恩施、建始的白肋烟产量中等，质量优良。

5. 长江中下游烟区

本区包括浙江、江西、江苏、安徽、湖北、湖南、福建大部，广东、广西等省（自治区）的北部以及河南南部。本区烟草类型多样，相间分布，主产烤烟和晒烟。

6. 西部、北部烟区

本区包括黑龙江西部、吉林西部、内蒙古、甘肃大部，宁夏、青海、新疆、西藏等省（区），以及四川西部、云南西北部，约占半个中国。本区适于种植较耐寒冷的黄花烟。兰州水烟、新疆莫合烟和东北的蛤蟆烟都是种植较久的黄花烟，产地也较集中。

7. 南部烟区

本区包括福建、广东、广西的南部，台湾省及广东、广西、云南南部。南部烟区是中国唯一可种植冬烟的地区，晒烟资源较丰富。

五、烟草产量与品质

1. 烟草产量

（1）产量的构成　烟草的经济产量是指烟叶的产量。烟叶产量是由单位土地面积上的株数、单株有效叶面积和单位叶面积重量所决定的。在构成产量的诸多因素中，单位叶面积重量尤为重要，是衡量烟叶内干物质充实与否的指标。提高烟叶产量的主攻方向就是提高烟叶的单位叶面积重量。

（2）影响产量构成的因素

1）品种　不同品种的植物学特性、烟叶的物理性状、叶内化学成分都有相对稳定遗传性。如单株叶数和单位叶面积重量，多叶型品种如乔庄多叶等，单株叶数可达80片以上，叶片薄，单位面积叶重量小；少叶型品种如NC89、G80等，单株叶数只有20～30片，叶片厚，单位面积叶重量大。因此，不同的品种对烟叶的产量影响较大。

2）种植密度　单位土地面积上株数对烟叶产量的影响很大，增加密度，大田总叶面积增大，产量会随之提高，相反则产量降低。烟叶要达到优质指标，群体的叶面积指数以2.5～3.0比较适宜。

3）肥水条件　烟叶生长发育需要适当的肥水条件。大水大肥会显著提高烟叶产量，但烟叶品质不佳；若肥水条件不足，则烟叶往往因营养不良、发育不全而产量降低，品质也欠佳。因此，必须根据烟叶的需肥需水规律，合理施肥和灌水。

2. 烟叶质量

（1）质量构成　烟叶质量通常分为外观质量和内在质量两个方面。外观质量就是烟叶的商品等级质量，如成熟度、叶片结构、颜色、光泽等外表性状。内在质量指烟叶内各种化学成分含量的协调性，烟叶燃吸时的香气、吃味、劲头、刺激性等烟气质量的优劣，以及烟叶作为卷烟原料可用性的大小。总之，烟叶质量根本内容是指烟叶在燃吸时香吃味质量和制造卷烟时的使用价值，其他理化指标、外观特征、分级标准都是内在质量的间接反映，是第二位的。烟叶质量具有时间性、相对性和区域性。

（2）烟叶质量评定

1）分级鉴定　即按照烟叶外观质量因素鉴定烟叶的品质和可用性。

2）物理特性　烟叶的物理特性主要包括填充力、抗碎性、弹性、吸湿性、平衡水分含量、燃烧性、烟灰颜色和凝聚性等。品质好的烟叶填充力大，抗碎性、弹性强，含梗率低，吸湿性、平衡水分含量适中，燃烧性好，灰色发白，烟灰凝聚抱柱。

3）化学鉴定　烟叶的化学成分比较复杂，目前已知的有2 549种。根据其化学组成和性质可概括地分三大类：

第一类是由碳、氢、氧三种元素组成的化合物。主要有碳水化合物（单糖、双糖、淀粉、纤维素、半纤维素）、有机酸、芳香油、树脂、蜡质、酚类化合物和色素等。

成熟烟叶中淀粉含量很高，可达干物质总量的30%～40%，在烟叶烘烤过程中淀粉绝大部分分解转化为对烟叶品质起良好作用的小分子的还原糖；纤维素、半纤维素占烟叶干重的12%～13%，是构成细胞壁的主要物质，具有吸湿性，含量高时对烟叶长期储藏不利；有机酸类物质中，小分子有机酸和低分子脂肪酸能增加烟叶香气和吃味醇和程度；芳香油、树脂、蜡质都是增进烟叶燃吸质量的物质，其含量约为4.5%～8%。烟叶中的酚类物质对烟叶的外观品质和香气质量有很大影响。如茎香甙、枸橼酸等是烟叶中含量较高的多酚类化合物，能使烟叶颜色变深，同时具有增进烟叶香吃味的作用。烟叶中多酚类物质的含量约为2%～5%。

第二类是含氮化合物。主要包括蛋白质、氨基酸、植物碱等，这些化合物占含氮化合物总量的80%～90%。蛋白质是植物细胞原生质的主要组成物质。植株叶片的蛋白质含量自下而上逐渐增多，顶部含量最高。蛋白质含量影响燃吸时的香味浓度质量，含量过少，烟叶燃烧后吸味平淡，劲头不足。含量过高时，吸味苦涩，辛辣，刺激性大。

工艺成熟的烟叶中蛋白质含量占干物质总量的10%～13%，经烘烤后降低到8%～10%。鲜烟叶中氨基酸含量一般为10%以下，经烘烤后由于蛋白质降解，氨基酸含量有所增加，特别是与烟叶香气质量密切相关的脯氨酸、缬氨酸、苯丙氨酸、天门冬氨酸、精氨酸等含量显著增加。

在烟草中普遍存在的是烟碱，又称尼古丁，除此之外还有去甲基烟碱等，是一种可溶性碱性含氮化合物。人们在吸烟时产生的兴奋感，主要是烟碱的作用。但含量要适当，过高时烟叶劲头、刺激性强；过低则吃味不够，劲头小。成熟的烟草种子内不含烟碱，因为烟碱是由烟草根部合成后运输到叶片中去的，随着烟株的生长，烟碱含量逐渐增加。

第三类是矿物质。当烟叶燃烧时，各种有机物随着高温燃烧而挥发分解，或随水分蒸发而逸失，余下的灰分主要是无机物质，如钙、镁、钾、硫、磷、氯等。它们虽不是烟草的主要成分，但对烟草的生长发育、外观性状、燃烧性及灰分颜色都有一定的作用。尤其钾和氯是影响烟叶燃烧性的主要成分。

除上述三类物质外，烟叶在燃烧过程中还产生挥发性液体微粒——焦油，它含有烟气中对人体最不利的物质。焦油含量是鉴定烟叶品质的指标之一。焦油含量越少越好，烤烟通常含量为30 mg/g左右。

4）评吸鉴定　评吸是吸食者用感官评定烟气质量的一种方法，主要包括香气、吃味、劲头（即生理强度）、刺激性等。内在质量好的烟叶香气质好，香气量足，吃味醇和，余味舒适，劲头适中，刺激性小，杂气少。内在质量差的烟叶吃味平淡，香气少，劲头不足，杂气重，刺激性大。

5）安全性　对人体有害物质和焦油等含量要尽量降低，烟碱对吸食者的作用是必要的，但它对人体健康是不利的，焦油与烟碱应保持适宜的比例。

3. 烟草产量与品质关系

在一定环境条件和产量范围内，既可获得较高产量，又可取得优良品质，当产量超过一定范围，产量提高的同时质量不能相应提高，甚至会下降。国内外研究结果和生产实践证明，产量2 250～2 625 kg/hm^2容易生产出优质烟叶。从烟叶产质形成过程来看，要实现优质稳产，必须从品种、栽培技术和调制方法三个方面着手。

（1）选用优良品种　烟草品质主要是由遗传因素所决定的。

（2）采取适当的栽培技术　创造适宜环境条件以满足烟草正常生长发育的需要，在保证一定产量基础上提高烟叶品质。根据肥、水、土等条件确定密度和种植方式，还要有合理留叶数，保持适当叶面积指数。在烟田管理后期及时打顶抹杈，保证优质稳产。

（3）充分成熟采收，科学烘烤　充分成熟的烟叶具有潜在的优良品质，要适时采收，还应采用适当的烘烤技术，固定烟叶在田间已经形成的优良品质。

第二节　烟草栽培生物学基础

一、烟草形态特征

烟草形态如图8—1所示。

1. 根

烟草根系由主根、侧根和不定根三部分组成。烟草移栽时主根被切断，在主根和根茎部分发生许多侧根，侧根上又可产生大量不定根，形成庞大根系。烟草根系具有吸收作用和合成作用，除能吸收土壤中的水分和养分外，还能合成烟碱和氨基酸等有机物质。烟叶中烟碱含量的高低与根系活力关系很大，因此，生产上精细整地、起垄栽培、适时中耕、合理密植、科学施肥和打顶抹杈等都是促进根系发育、提高烟碱含量的有效措施。

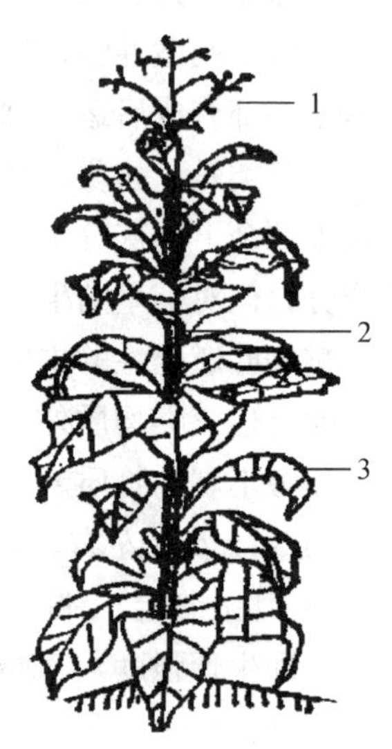

图8—1　烟草
1—花　2—茎　3—叶

2. 茎

烟草茎直立，圆柱形，一般为绿色（白肋烟的茎为乳白色），茎表面滋生茸毛，幼茎上尤多。茎分节，叶在茎上分布有密有疏。茎高、节距及茎的粗细因品种和栽培条件而异，一般多叶型品种较高、节距较短，少叶型品种较矮、节距较大。肥水充足、密度适宜时茎粗壮，反之茎细弱。茎上每个叶腋都可长出腋芽。打顶前每个叶腋只有一个潜伏芽，打顶后正芽基部外侧还可产生数目不定的副芽，自下而上陆续发生。因此，打顶后要及时抹杈，以免叶内养分外流而降低烟叶的产量和品质。

3. 叶

烟草叶片一般无叶柄，叶片有主脉（俗称烟筋）、支脉和叶肉等部分。烤干的烟叶叶脉重量一般占25%。卷烟工业要求烟梗细些，烟梗太粗时出丝率低。叶大小和厚度因类型、品种、部位、种植密度、服水条件等不同而不同，差异很大。

大多数烤烟品种的叶形指数在0.65左右。叶片厚度为0.2～5 mm，多叶型品种较薄，少叶型品种较厚。中下部叶较薄，上部叶较厚。一株烟，中部叶片较大，下部叶次之，上部叶较小。烟叶颜色除白肋烟叶脉呈乳白色，叶片呈黄绿色外，其他类型都为绿色。不同品种间有浓绿和浅绿之差。同一品种施肥水平较高时叶色较深，营养不足的烟叶颜色较浅淡。烤烟的叶形差别很大，若概分大致可分为柳叶形和榆叶形两大类，凡叶长宽比大于2∶1的称为柳叶形，长宽比等于或小于2∶1的称榆叶形。

4. 花、果实和种子

烟草花序为有限聚伞花序，花为两性完全花，五基数，自花授粉。一般品种自移栽到现蕾需要45～60 d，现蕾到开花需10 d左右，从花凋谢到果实成熟需10 d以上。一株烟从第一朵花开放到最后一朵花开放需31～49 d。烟草果实为蒴果，卵圆形，稍长，成熟时沿腹缝开裂，花萼宿存，包被在果实外方。一株烟约有蒴果100～300个，每个蒴果有种子2 000～3 000粒。烟草种子很小，千粒重为0.06～0.09 g，种子约有10 000～15 000粒/g。一株烟可采种子10～15 g，可收种子225～300 kg/hm^2。烟草种子为褐色，圆形至椭圆形，种皮厚而坚硬，表面有角质层，通水透气性差，播种前需洗种搓种，适当催芽，以利播后出苗。

二、烟草生物学特性

1. 烟草生育周期

烟草自种子萌发，根、茎、叶生长，花序分化，现蕾、开花、结实这一生长发育全过程包括营养生长和生殖生长两个生育阶段，在栽培上可以划分为苗床和大田两个生育期，见表8—2。

表8—2　　烟草生育周期

苗床期	出苗期	从播种到两片子叶展开，直至第1片真叶出生为出苗期，一般需5～7 d。出苗期幼苗生长缓慢，对温度和水分要求严格，需保温、保湿
	十字期	从第1片真叶出现到第3片真叶出生，第1、2片真叶与两片子叶大小相近，相互交叉呈十字形时称为十字期。此期烟草进入自养阶段。两片真叶出现时伴随着侧根发生，但尚没有完整的根系，地下部分和地上部分的生长大体一致。由于此期幼苗生长缓慢，需要适宜的温度、较高的湿度和较强的光照，才利于烟草健壮生长
	生根期	从第3片真叶出现到第7片真叶出生为生根期。这时主根、侧根旺盛生长，主根明显加粗，二、三级侧根也陆续出现，并基本形成完整的根系。此期烟苗地上部分生长缓慢，地下部分生长迅速，要适当控制水分，保持良好的通气条件促进根系生长，并要及时间苗、定苗，追肥，改善营养和光照条件
	成苗期	从第7片真叶出现到烟苗移栽适期为成苗期。此期幼苗地下部分吸收能力强，地上部分光合面积大，茎叶生长迅速。此期应加强炼苗。当烟苗有8片可见叶，苗高10～15 cm时已达成苗，适于移栽
大田期（从移栽到采收结束称为大田期，一般为100～130 d）	还苗期	烟苗从移栽到成活为还苗期。烟苗移栽时根系受到损伤，吸收机能暂时减弱，而地上部分蒸腾仍然进行，烟株体内水分入不敷出，烟苗会出现短时间的萎蔫现象。根系发达的壮苗移栽后24 h能恢复吸收水分，栽后2～3 d开始扎新根，4～5 d开始长出新叶。新叶出现标志着还苗结束

续表

大田期（从移栽到采收结束称为大田期，一般为100～130 d）	伸根期	从还苗到团棵为伸根期，约需25～30 d。此时期地上部分生长缓慢，根系为生长中心。据测定，伸根期烟株根系的体积和重量比还苗期增加1倍以上。当烟株高达30～35 cm，叶数13～16片，植株外观看似球形，心叶下陷称为团棵。团棵后不久时芽分化逐渐停止，叶数固定，因此伸根期是烟株旺长的准备阶段，是营养生长向生殖生长的转折时期。“发苗先发根”，伸根期管理的重点是深中耕高培土，追肥控水促根发达
	旺长期	从团棵到现蕾是烟株茎叶生长最快的时期，称旺长期，约需30 d。旺长期是烟株营养生长与生殖生长并进的时期，也是决定烟叶产量和品质的关键时期。此期烟株旺盛生长，需要大量的水分和养分，因此，栽培管理的主攻方向是保持充足的土壤水分，以水溶肥，以肥促长，达到“生长稳健、开秸开片”的长势和“上看一斩平、行看一条缝，干净利落”的长相。但是，此期还必须根据烟株的生育状况和土壤肥力，做到促中有控，防止烟株徒长
	成熟期	从现蕾到烟叶采收结束，称为成熟期。烟株现蕾后下部叶片逐渐衰老，自下而上烟叶依次成熟，是烟叶品质形成的关键时间。现蕾后烟株完全进入了生殖生长阶段，花序的生长会消耗叶内大量的有机物质，影响叶内干物质的积累，导致烟叶产量和品质降低，因此该期管理的中心是适时打顶抹杈，控制生殖生长和腋芽的生长，减少叶内营养物质的消耗，并掌握好烟叶充分成熟采收

2. 烟草对环境条件的要求

烟草对环境条件的要求见表8—3。

表8—3　　烟草对环境条件的要求

温度	烟草是喜温作物，整个生育过程中要求较高温度。烟草生长最适宜的温度为25～28℃，低于9℃或高于35℃都不利于烟草生长。－1～2℃的低温会使烟草受冻害而死亡。从生产优质烟叶的角度来看，以前期温度较低，中后期温度较高为宜。烟叶成熟期的7—8月份，平均气温24～25℃，持续30～40 d，天气晴朗，光照充足，有利于叶内干物质的积累，也是生产优质烟的重要条件之一
光照	烟草是喜光作物，光照充足才能生长健壮，从烟叶品质要求来看，光照充足而不强烈较为有利，尤其在成熟期，天气晴朗多光照是十分必要的。如果光照不足，则会导致烟叶香气少，品质差。如果光照过强，叶片厚而粗糙，主脉凸出，烤后烟叶含氮化合物高，含糖量低，吃味辛辣，刺激性强，品质也不良。光照时间的长短对烟草生长也有很大影响。烟草大田期间要求日照时数达500～700 h，日照百分率在40%以上。成熟期间要求日照时数280～300 h，日照百分率在50%以上
水分	烟草耐旱怕涝，水分过多或过少都直接影响烟草的生长发育和烟叶的产量品质。在温度较高、水分充沛的条件下，烟株生长旺盛，叶片大而产量高，但叶内干物质积累少，含水量高，不易烘烤，烤后烟叶颜色浅，品质差。如果水分不足或遇干旱，烟株矮小，叶片小而厚，成熟不一致，且易早花，产量和品质都不高。烟草大田期还苗后水分少一些有利于伸根，团棵后有充足的水分可以促进烟株旺长，成熟期水分相对少一些有利于叶内干物质积累和适时成熟采收

续表

土壤	烟草对土壤的适应性很广，除重盐碱土外几乎所有的土壤都能生长烟草。一般说来，土层深厚、质地疏松、结构良好、通透性强、具有良好保肥性能的壤土或沙壤土对烟草生长最为有利，生产的烟叶品质较好。土壤有机质含量1%～1.5%、碱解氮 40～60 mg/kg、速效磷 20～30 mg/kg、速效钾 200 mg/kg 以上的中等肥力较为适宜。氯离子含量越低越好，最多不超过 35 mg/kg。就土类来说，红土、红黄土上所产烟叶品质最好，沙壤土、黄土次之，黑土最差。烟草对土壤酸碱度的反应不很敏感，土壤 pH 值在 5.5～8.5 都可生长，但最适宜的土壤 pH 值为 5.5～7.0

第三节　烟草栽培技术

一、烟田耕作制度

1. 轮作倒茬

烟草轮作周期最短要四年两头种烟，中间隔两年，轮作周期越长防病效果越好。玉米、豆类、蔬菜等作物收获后土壤中氮素残留量大，种烟时施肥量不易控制，往往使品质变差。因此，这些作物不是烟草适宜的前作。茄科作物和葫芦科作物与烟草有同源的病虫害，不宜作为烟草的前作。生产实践表明，烟草的前作以芝麻、谷子、甘薯等作物较好，轮作方式一般为三年五熟制。河南春烟一般采用下列轮作方式：

春烟——小麦 ⟶ 玉米或大豆——小麦⟶甘薯（冬闲）⟶ 春烟

春烟——小麦 ⟶ 甘薯——小麦——谷子（冬闲）⟶ 春烟

间作套种，如麦烟套种、烟薯间作等都会不同程度地影响烟叶质量，一般不宜提倡。

2. 烟田耕作

秋作物收获后需立即浅耕灭茬，耕后耙耱保墒。冬季封冻前进行深耕，耕深 20～30 cm，耕后晒垡冻垡，积蓄雨雪，风化土壤。春季土壤蒸发量日趋增大，土壤解冻后应及时进行浅耕细耙，使土壤上虚下实，蓄水保墒。

起垄能增加地表受光面积，可以提高地温。起垄后活土层加厚，可扩大根系纵深生长范围。也有利于排灌，对促进烟株发育、提高烟叶的产量和品质起良好作用。

二、烟草育苗

烟草是育苗移栽作物，在最适宜移栽的季节培育出足够数量、整齐一致的壮苗是获得烟叶优质稳产的首要环节。

1. 育苗要求

烟草育苗的要求是壮、齐、足和适时。“壮”要求烟草生长健壮无病害。壮苗的标准是叶色正常，有 8 片可见叶，茎粗壮敦实，根系发达，幼叶单位面积干重大。“齐”要求烟草生长整齐一致，无过大、过小的苗和瘦苗、高脚苗。“足”要求有足够数量的壮苗，保证完成种植面积。“适时”要求在最适宜移栽的季节烟草达到壮苗标准，适于移栽。

2. 育苗地选择与苗床整理

育苗地要选在背风向阳、光照充足、地势平坦、土壤肥沃、靠近水源、便于运输的生茬地。重茬地、菜园地、瓜地、荒地不宜做育苗地。每栽一亩烟需要育苗地 10 m^2左右，可根据种植计划确定育苗面积。北方烟区多采用平畦塑料薄膜覆盖育苗，制作苗床前对育苗地要深中耕细耙，精细整理，做到土碎地平。标准畦长 10 m，宽 1 m，畦面与地面平，畦埂高出地面 10～15 cm，埂底宽 25～30 cm，上宽 15～20 cm。做好畦后深锄一遍，耧平后均匀撒施底肥。每标准畦可施入腐熟农家肥 150～200 kg，饼肥 2～3 kg 或鸡鸭粪 3～4 kg。若用化肥育苗，每畦可施复合肥 2 kg。施肥后再浅锄 2～3 遍，使肥料与土壤混匀，然后耧平踏实，浇足底墒水，以备播种。

3. 浸种催芽

经过精选的种子可用 1%硫酸铜溶液浸泡 10～15 min 消毒，冲洗后再在清水中浸种 24 h，然后进行搓种以除去种皮上胶质，使种子容易吸水萌动。催芽时将种子装入干净的白布袋内，温度保持在 25～28℃，并保持种子湿润不黏结状态，经常翻动种子调节透气性，促使种子萌发。当种子胚根穿破种皮，长度与种子等长时即可播种。

4. 播种

播种时应注意播种期与移栽期相适应，即适时成苗移栽。黄淮海烟区春烟一般以 2 月下旬到 3 月上旬播种为宜。播种前应再浇底墒水，待水渗下后立即播种。播种方法有条播、点播、撒播等，每标准畦可下种芽 3～4 g，用细碎土拌匀后均匀播于苗床。播种后覆盖一层细土（约 1 mm），然后插弓，覆盖塑料薄膜，密封保温、保湿。

5. 苗床管理

（1）塑料薄膜管理　十字期以前要密封保温、保湿，使膜内温度控制在 25～28℃，超过 30℃要进行通风降温，以防止高温烧苗，4～5 片真叶开始要逐渐揭膜炼苗。通风揭膜的原则是，先揭两头后两边，时间由短到长，从日到夜，在成苗前 7～10 d 应昼夜揭膜，提高烟草的素质和适应裸地环境的能力。

（2）水分管理　从播种到十字期以前要经常保持苗床表土湿润，一般在浇足底墒水后不需再灌水，若表土稍干应少量多次供水。生根期应控水壮根，不旱不灌，成苗期应控水炼苗，使苗床逐渐干燥。

（3）苗床追肥　苗床应施足底肥。但若底肥不足，苗发黄，表现出缺肥症状时要及时追肥。在幼苗 4～5 片真叶时追施，每次每标准畦可用复合肥 200 g 或尿素 100 g，结合浇水追施，追肥后用清水冲浇，以防烧苗。

(4) 间苗、定苗、炼苗　间苗是培育壮苗的重要措施。一般在十字期后间苗，3～4 片真叶时定苗，苗距 7～8 cm。间苗时要除去过大过小的苗和病、弱苗，保留整齐一致的壮苗，并拔除杂草。当烟草 5～6 片真叶后要进行控水炼苗和揭膜晒苗，炼苗时间一般 7～10 d。炼苗标准是苗床干旱，表土发白，白天烟叶凋萎，晚间能够复原。

(5) 假植育苗　假植育苗是提高烟苗素质、培育壮苗的有效措施。假植的方法很多，如用营养袋（钵）、营养块、假植床等。当烟草 4～5 片真叶时，将烟草从原苗床移植到假植苗床上，假植后遮阴浇水，成活后的管理与母床相同。此外，河南近几年采用划块育苗，干起苗移栽，烟苗生长健壮，根系发达，移栽后成活率很高。

(6) 病虫害防治　苗期病害主要有炭疽病、猝倒病、立枯病等，可用波尔多液，炭疽福美、克苗丹等药剂喷雾防治。苗期害虫主要有地老虎、蝼蛄等，可用敌百虫毒饵诱杀或药剂喷洒防治。

三、种植密度和移栽

1. 种植密度

密度是影响烟草产量和品质的重要因素之一。密度过大会使群体内田间小气候恶化，根系发育不良，茎细、节长、叶片薄，遇高温高湿容易发生底烘。种植密度过稀，单株生产力增加，易造成叶大而厚，不易烘烤。就品质而言，密度过大或过小，烟叶的化学成分都不协调，品质降低。而就产量来说，随密度增加产量提高，当产量增加到一定范围时品质下降（见表 8—4）。总之，只有合理密植，使群体与个体发育良好才能保证烟叶的产质。通常少叶型品种在平原地区，按规范化种植要求，行距应在 100～110 cm，株距 50～60 cm，株数约 15 000～19 500 株/hm^2；山岗丘陵地行距 95～100 cm，株距 45～50 cm，株数约 19 500～22 500 株/hm^2。

表 8—4　　密度对烟叶品质的影响

密度（株/hm^2）	上等烟（%）	中等烟（%）	下等烟（%）	还原糖（%）	总糖（%）	蛋白质（%）	总氮（%）	尼古丁（%）	施木克值	产量（kg/hm^2）
17 040	14	75	11	19.22	23.71	6.74	1.39	0.99	3.52	2 280
19 950	6	67	27	20.52	25.17	8.05	1.52	1.36	3.13	2 389.5
23 040	5	75	20	20.47	25.05	8.07	1.55	1.47	3.10	2 367
27 000	5	80	15	16.04	20.70	8.80	1.71	1.72	2.35	2 784

2. 移栽

(1) 移栽期确定　移栽期主要根据气候条件和种植制度确定。北方烟区春烟移栽时，土壤 10 cm 地温必须达到 10℃以上，并且有稳定上升的趋势。烟草旺长期应赶上雨量充沛的季节，成熟期则要在光照充足、温度较高的季节。在复种指数高的地区，还要根据种植制度，妥善安排烟草与前后作的关系。研究结果表明，北京烟区春烟4月下旬至5月上、中旬移栽较为适宜。

（2）移栽技术　烟苗移栽包括起苗、运苗、挖穴、栽烟、浇水、封土等作业环节。为保证烟苗移栽后还苗快，成活率高，起苗时应尽量少伤根或不伤根，带土块移栽。栽烟前按预定行株距划行刨坑，施窝肥，然后栽烟浇水。栽苗深度以不埋老叶、露出心叶为宜。封土后不踩、不挤、不拍，以防伤根。移栽要求行直株匀，横竖成行。移栽苗大小要一致。

四、烟田施肥

1. 主要营养元素作用

（1）氮　氮与烟株的生长发育、成熟过程密切相关，也是决定烟叶产量和品质的基本条件之一。氮素不足时烟草植株矮小，叶小而薄，叶色发黄，产量低，品质差；氮素过量时烟株生长过旺，叶色浓绿，烟筋粗大，叶大而厚，成熟缓慢，叶内蛋白氮含量增多，糖含量降低，难于烘烤，烤后叶片色泽昏暗，油分缺乏，吃味辛辣，品质差。

（2）磷　磷参与烟草碳氮代谢过程，促进含氮化合物的合成、分解和运转，促进烟株根系发育。磷不足时氮代谢受阻，烟株根系发育不良，对氮和钾的吸收也降低，植株生长缓慢，叶片变窄，叶色暗绿，不易烘烤，且烤后烟叶品质差。严重缺磷时烟叶成熟推迟，下部叶出现褐色斑点。磷素充足时，有利于烟株碳水化合物的合成与转化，叶内干物质充实，叶片厚度增加，能适时成熟，烤后叶色鲜亮，油润丰满。磷素过量时容易导致烟株吸收过多氮素而形成粗筋暴叶，品质降低。

（3）钾　钾是烟株需要量最多的元素，它能促进植株组织发育，增强植株抗逆性；钾对多种酶有激活作用，能促进碳水化合物的合成与转化。充足的钾素能提高烟叶中淀粉和糖的含量，促进烟叶适时成熟，调制后叶色鲜亮，叶片厚，香气足，吃味醇和，燃烧性好。烟株缺钾时下部叶尖部变黄，然后向叶缘和叶脉间发展，严重时叶片由黄变褐以致脱落。

2. 烟草对养分吸收

烟草吸收养分的数量因品种、产量、肥料形态、土壤性状和栽培条件不同而有较大差异。国内外研究结果表明，产量1 500 kg/hm^2干烟叶，烟株约需从土壤中吸收氮45～52.5 kg，磷15～22.5 kg，钾90～105 kg。

中国农业科学院烟草研究所在烤烟大田生育期间对氮、磷、钾的吸收动态进行了测定，结果见表8—5。

烤烟对三要素的吸收动态为：绝对吸收量（kg/hm^2）是由小到大再由大到小，以栽后45～75 d内吸收量最大；相对吸收量（形成单位干物质的吸收量）是由大到小，直线下降；以生长速度和吸收速度相比较，栽后75 d是转折点；在此之前是吸收速度大于生长速度，以后则相反，如图8—2所示。这种吸收动态被概括为烤烟喜欢“少年富，老年贫”。

表 8—5　　山东春烤烟大田生育期对氮、磷、钾的吸收

栽后天数	全株干重 (kg/hm²)	N		P_2O_5		K_2O	
		kg/hm²	%	kg/hm²	%	kg/hm²	%
移栽时	15	0.495	0.40	0.0735	0.16	0.87	0.37
30	309	9.63	6.61	2.253	5.01	13.155	5.56
30～45	946.5	22.05	15.15	4.125	9.18	33.075	13.97
45～60	2 592	19.2	13.20	8.7	19.36	75.15	31.75
60～75	4 729.5	45.0	30.92	14.1	31.38	64.95	27.43
75～90	6 454.5	11.025	7.58	5.85	13.02	28.95	12.23
90～105	6 736.5	24.675	16.96	3.3	7.340	—	—
105～120	7 834.5	13.35	9.17	6.525	14.52	20.55	8.680
总计	—	145.5	99.99	44.925	99.97	236.7	99.98

注：5 月 17 日移栽后 60 d 现蕾，120 d 收毕。

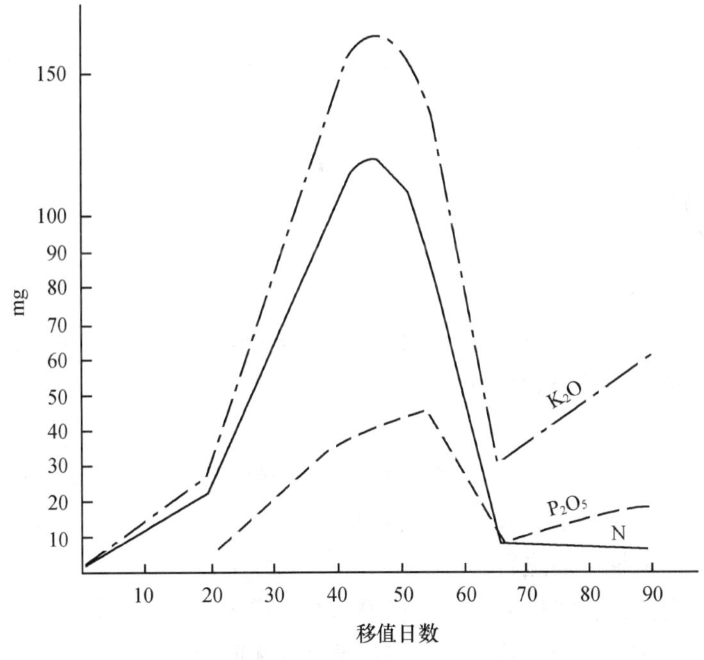

图 8—2　烟草移栽后吸收养分的动态

烟株吸收养分还受多种因素影响。如施用硝态氮肥时烟株对各种养分都能很好吸收；施用铵态氮肥过多时会降低烟株对钾、钙、镁等阳离子的吸收，促进氯离子的吸收，影响烟叶品质。若铵态氮和硝态氮共同施用，烟株对阴、阳离子都能很好吸收。氮、磷、钾按合理比例配合施用时烟株的吸收率高，缺乏其中任何一种都会影响烟株对其他两种元素的吸收。

3. 烟草施肥技术

（1）烟草肥料种类

1）有机肥　烟田常用有机肥有饼肥、草木灰、堆肥、圈肥、厩肥等。其中饼肥、草木灰的养分特点与烟草的吸肥相吻合，是中国传统的烟草肥料。

2）化肥　烟草常用的氮肥有硫酸铵、尿素等；磷肥有磷酸二铵和钙镁磷肥；钾肥有硫酸钾、硝酸钾、磷酸二氢钾等；还有氮、磷、钾三元复合肥。含氯肥料如氯化铵、氯化钾和人粪尿等不适宜作为烟田肥料施用。

（2）施肥的原则和数量　烟草的施肥原则应为：适施氮肥，增施磷钾肥；重施基肥，早施追肥；农家肥和化肥结合施用；大量元素与微量元素配合施用。

（3）施肥的时期和方法

1）基肥　有机肥和化肥都可作基肥施用。农家肥可在冬耕或春耕前均匀撒施地面，然后翻入土中，饼肥和各种化肥可在春耕时施用，也可在整地起垄时条施，此外还可穴施复合肥、钾肥等。

2）追肥　可在移栽后 15～25 d 内追施于距烟株 10～15 cm 土层处。追肥宜早不宜晚，最迟不超过团棵期，以免造成后期烟叶贪青晚熟，降低品质。追肥多用速效性化肥或腐熟饼肥。

3）叶面施肥　近年来以微量元素和激素等为主要成分配制的叶面喷剂烟草多效素，对提高烟叶产质具有明显的效果。

五、烟田管理

1. 大田保苗

烟草移栽后要及时查苗补苗，防治病虫害，保证大田苗齐苗全。移栽后的主要害虫是地老虎、蝼蛄、金针虫、拟地甲和象鼻虫等。

2. 中耕培土

移栽后 4～5 d，浅锄 5 cm 左右，松土保墒，破除板结，提高地温，促苗发根。第二次中耕在移栽后 15～20 d，要进行深中耕，行间深度 14 cm，烟株周围 7 cm，锄深、锄透、锄匀，促进烟株生根。团棵期后进行第三次中耕，浅锄除草保墒。

烟株培土可结合第二次深中耕进行或在第二次中耕后 7～10 d 专门进行一次培土，培土高度在 20 cm 以上，要求培土饱满，土壤与根部之间无间隙，培土后垄直底平。

3. 烟田灌溉与排水

烟草株高叶大，含水量高，大田各生育时期对水分的需求有所不同。从移栽到团棵，烟株需水量约占全生育期需水总量的 15%，烟田耗水以地表蒸发为主，此期要求土壤含水量为田间最大持水量的 60%；旺长期是烟株需水最多时期，此时期耗水占全生育期的 50%左右，以叶面蒸腾为主，要求土壤保持田间最大持水量的 80%；成熟期烟株需水量占全生育期的 35%左右，此期要求土壤水分为田间最大持水量的 60%。各阶段水分不足都应及时灌水。灌水的方法主要有沟灌和喷灌两种，灌水的要领是均匀，防止烟田积水。

此外，由于烟草有耐旱怕涝的特点，如遇大雨，要及时排除田间积水，以免发生涝灾。

4. 打顶抹杈

烟株现蕾后，大量营养物质流向生殖器官，结果必定影响烟叶品质，造成叶片小，叶色淡，品质下降。打顶可以调节植株内营养物质再分配，促进叶内干物质积累，且能促进烟株根系的进一步生长，有利于提高叶内烟碱含量，增进烟叶品质，因此烟株现蕾后必须及时打顶。打顶时期一般以现蕾到初花为好。打顶高度即留叶数的多少要依气候、土壤肥力、种植密度和品种而定。烤烟适宜的留叶数为 18～22 片/株。

打顶后，烟株失去了顶端优势，腋芽又会萌发，每个腋芽都可能开花结实，同样消耗叶内养分。因此打顶后要及时抹杈，杜绝叶内养分外流。一般要求每隔 3～5 d 抹一次杈，杈长不超过 3 cm。除芽方法可用人工抹杈，也可用烟草腋芽抑制剂进行化学除芽。

5. 防止底烘和早花

底烘指烟株下部叶片尚未成熟就提前发黄甚至枯死的现象。底烘有水烘和旱烘两种。水烘主要是光照不足、田间湿度过大引起的，可通过合理稀植改善田间通风透光条件、搞好培土排水、及时采收脚叶等措施来防止。旱烘主要是土壤干旱、下部叶养分和水分向上部叶输送所引起的。生育中期干旱及时灌溉，可有效地防止旱烘发生。

早花指的是烟株未达到本品种正常生长应有的高度和叶数就提前开花的现象。早花的根本原因是烟株生长受阻而发育过快。如移栽过早，苗龄过长，气候干旱，特别是旺长期缺水、土壤湿度过大、营养不足等都是导致早花的因素。可通过选用适宜品种、适期移栽、选栽壮苗、合理施肥、加强管理等措施预防早花的发生。发生早花后可及时打顶培育杈烟，尽量减少早花的损失。

六、烟叶采收和烘烤

烟叶的采收和烘烤直接影响烟叶色、香、味的好坏和商品等级的高低。准确把握烟叶成熟程度和采收时期是保证烟叶品质的重要环节。正确掌握烘烤技术又是提高商品烟叶等级的关键措施。

1. 烟叶成熟和采收

（1）烟叶的成熟　烤烟一般在移栽后 50～60 d，叶片开始由下向上逐渐成熟。叶片定形后，有机物积累达到最高峰时，水分减少，组织充实紧密，称为成熟期（工艺成熟期）。这时采下的烟叶，调制后使用价值高。若不及时采收，即进入过熟期。过熟的叶片内储存物质逐渐分解，叶片变黄、变薄，组织疏松，叶片衰老，重量减轻，品质降低。

达到工艺成熟的叶片，叶内干物质、碳水化合物、烟碱、树脂、芳香油含量最多，蛋白质含量下降。

烟叶成熟的外观特征是：①色由绿变为淡绿或黄绿，叶尖和叶缘表现尤为明显。中、上部叶片，或较厚的叶片还可能呈现黄斑，称“成熟斑”；②叶面茸毛脱落，有光泽，手摸有粘手的感觉，这是树脂类等分泌物增多的表现；③叶尖和叶缘下垂，茎叶角度增大；④主脉变白，发亮至支脉变白，叶基部产生离层，采摘时硬脆易断，断面整齐。

烟叶成熟的特征因品种、叶片在烟株上着生的部位、气候、土壤、施肥和栽培管理技术的不同有很大差异。如种植在黏重而肥沃的土壤上，尤其是施氮素过多，鲜烟片大而厚，叶色深绿，粗筋暴叶，烟叶成熟缓慢，落黄不明显，当绿色稍退即表示成熟。若土壤肥力较差，施肥量较少，或天气干旱，一般叶色较淡，成熟较快，在叶片呈较明显的黄绿色时则已成熟。

（2）烟叶的分级

1）分级的依据　烤烟和各类晒晾烟基本以烟叶着生部位、颜色及外观品质因素为分级依据。

以烤烟为例，同一烟株分为两个部位。脚叶、下二棚、腰叶为中下部；上二棚、顶叶为上部（见图 8—3）。颜色分为中下部黄色、上部黄色、青黄色三组。品质因素包括成熟度、油分、厚度和叶片结构等。

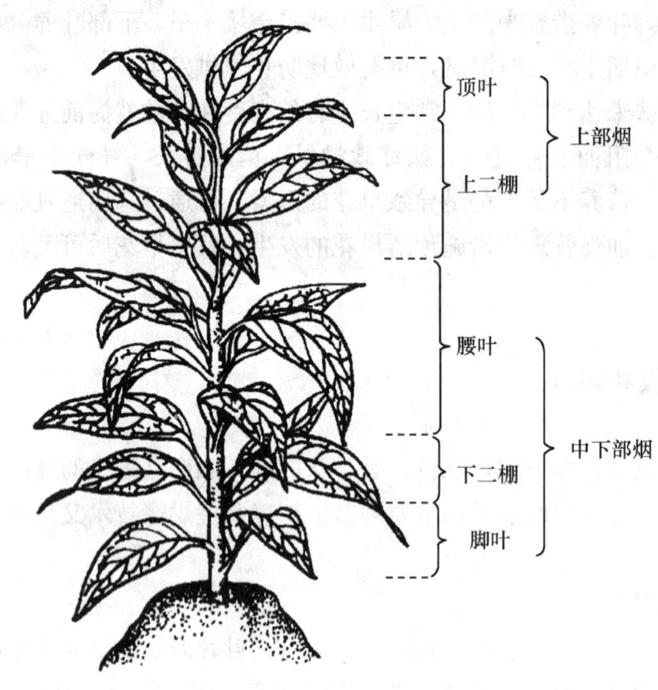

图 8—3　各级烟叶的名称

脚叶和下二棚叶成熟时，正值烟株生长期间，叶内养分不断向上运输，且处于基部田间郁蔽、光照差、湿度大、温度低的环境条件下，因而叶片较薄，组织较松，含水量较大，干物质较少，成熟较快，油分少，尼古丁含量低，糖分少。

腰叶生长处于有利环境，光照充足，湿度适中，内含物质丰富，成熟时叶色落黄均匀；油分较多，尼古丁含量中等，糖分多。

上二棚和顶叶生长所处的环境条件更加优越，叶组织细致至粗糙，含水分少，干物质积累多，尤以可溶性氮含量随部位升高而增多，尼古丁含量高，糖分中等。

2）等级标准　按国家标准的规定，烤烟品质规定见表 8—6。不同组烟叶品质差异较大，同一组内不同等级的烟叶品质差异较小。

表 8—6

中华人民共和国国家标准

烤烟　GB 2635—1992

Flue-cured tobacco

品质规定

组别		级别	代号	成熟度	叶片结构	身份	油分	色度	长度（cm）	残伤（%）
下部X	柠檬黄 L	1	X_1L	成熟	疏松	稍薄	有	强	40	10
		2	X_2L	成熟	疏松	薄	稍有	中	35	20
		3	X_3L	成熟	疏松	薄	稍有	弱	30	25
		4	X_4L	假熟	疏松	薄	少	淡	25	30
	橘黄 F	1	X_1F	成熟	疏松	稍薄	有	强	40	10
		2	X_2F	成熟	疏松	稍薄	稍有	中	35	20
		3	X_3F	成熟	疏松	稍薄	稍有	弱	30	25
		4	X_4F	假熟	疏松	薄	少	淡	25	30
中部C	柠檬黄 L	1	C_1L	成熟	疏松	中等	多	浓	45	5
		2	C_2L	成熟	疏松	稍薄	有	强	40	10
		3	C_3L	成熟	疏松	稍薄	有	中	35	20
	橘黄 F	1	C_1F	成熟	疏松	中等	多	浓	45	5
		2	C_2F	成熟	疏松	中等	有	强	40	10
		3	C_3F	成熟	疏松	中等	有	中	35	20
上部B	柠檬黄 L	1	B_1L	成熟	尚疏松	中等	多	浓	45	5
		2	B_2L	成熟	稍密	中等	有	强	40	10
		3	B_3L	成熟	稍密	中等	稍有	中	35	20
		4	B_4L	成熟	紧密	稍厚	稍有	弱	30	25
	橘黄 F	1	B_1F	成熟	尚疏松	稍厚	多	浓	45	5
		2	B_2F	成熟	稍密	稍厚	有	强	40	10
		3	B_3F	成熟	稍密	稍厚	有	中	35	20
		4	B_4F	成熟	紧密	厚	稍有	弱	30	25
	红棕 R	1	B_1R	成熟	稍密	稍厚	有	浓	45	5
		2	B_2R	成熟	稍密	稍厚	有	强	40	15
		3	B_3R	成熟	紧密	有	稍有	中	35	25
完熟叶 H		1	H_1F	完熟	疏松	中等	稍有	强	40	10
		2	H_1F	完熟	疏松	中等	稍有	中	35	25

续表

<table>
<tr><th colspan="2">组别</th><th>级别</th><th>代号</th><th>成熟度</th><th>叶片结构</th><th>身份</th><th>油分</th><th>色度</th><th>长度（cm）</th><th>残伤（%）</th></tr>
<tr><td rowspan="5">杂色K</td><td rowspan="2">中下部 CX</td><td>1</td><td>CX_1K</td><td>尚熟</td><td>疏松</td><td>稍薄</td><td>有</td><td>—</td><td>35</td><td>20</td></tr>
<tr><td>2</td><td>CX_2K</td><td>欠熟</td><td>尚疏松</td><td>薄</td><td>少</td><td>—</td><td>25</td><td>25</td></tr>
<tr><td rowspan="3">上部 B</td><td>1</td><td>B_1K</td><td>尚熟</td><td>稍密</td><td>稍厚</td><td>有</td><td>—</td><td>35</td><td>20</td></tr>
<tr><td>2</td><td>B_2K</td><td>欠熟</td><td>紧密</td><td>厚</td><td>稍有</td><td>—</td><td>30</td><td>30</td></tr>
<tr><td>3</td><td>B_3K</td><td>欠熟</td><td>紧密</td><td>厚</td><td>少</td><td>—</td><td>25</td><td>35</td></tr>
<tr><td colspan="2" rowspan="2">光滑叶 S</td><td>1</td><td>S_1</td><td>欠熟</td><td>紧密</td><td>稍薄
稍厚</td><td>有</td><td>—</td><td>35</td><td>10</td></tr>
<tr><td>2</td><td>S_2</td><td>欠熟</td><td>紧密</td><td>—</td><td>少</td><td>—</td><td>30</td><td>20</td></tr>
<tr><td rowspan="4">微带青V</td><td>下二棚 X</td><td>2</td><td>X_2V</td><td>尚熟</td><td>疏松</td><td>稍薄</td><td>有</td><td>中</td><td>35</td><td>15</td></tr>
<tr><td>中部 C</td><td>3</td><td>C_3V</td><td>尚熟</td><td>疏松</td><td>中等</td><td>多</td><td>强</td><td>40</td><td>10</td></tr>
<tr><td rowspan="2">上部 B</td><td>2</td><td>B_2V</td><td>尚熟</td><td>稍密</td><td>稍厚</td><td>多</td><td>厚</td><td>40</td><td>10</td></tr>
<tr><td>3</td><td>B_3V</td><td>尚熟</td><td>稍密</td><td>稍厚</td><td>有</td><td>中</td><td>35</td><td>10</td></tr>
<tr><td colspan="2" rowspan="2">青黄色 GY</td><td>1</td><td>GY_1</td><td>尚熟</td><td>尚疏松
至稍密</td><td>稍薄
稍厚</td><td>有</td><td>—</td><td>35</td><td>10</td></tr>
<tr><td>2</td><td>GY_2</td><td>欠熟</td><td>稍紧密
至紧密</td><td>稍薄
稍厚</td><td>稍有</td><td>—</td><td>35</td><td>20</td></tr>
</table>

中国白肋烟的分级原理和方法基本上与烤烟一致。晒烟因产区分散，等级标准不一，一般不分组，而直接按部位、颜色和其他品质因素分级，多数分为 6 级。

（3）烟叶采收　烟叶在烟株上成熟后即应采收。从脚叶成熟到顶叶成熟的时间随品种和栽培条件而不同，一般需 50～70 d，通常采收 5～8 次。第 1 次采收脚叶多在现蕾以后，第 2 次采收与第 1 次相隔时间要有 10～15 d，以后各次相隔 7～10 d。

从生理角度看，一昼夜叶片中干物质积累和消耗的变化量很大，以每天下午 4 点以后烟叶内含物质较多时采收为好。但是，为了正确识别烟叶成熟度并在一天内完成采收和烘烤前的准备，生产上常在上午采收。在多雨季节或烟叶含水量较大时，应在露水干后或午后采收；遇雨不易采收时，雨后次日应及时采收。已经或正在成熟的烟叶，若遇连续阴雨往往再度恢复生长而转青，称为返青。返青烟叶应在重新呈现成熟特征时采收。

烟叶采收是细致的工作，采收的质量直接影响着烘烤的效果，因而必须注意采收适熟的烟叶，不收生叶，不丢熟叶，采收时茎上不留叶柄，叶上不带“拐子”。采收后的烟叶要轻拿轻放，不粘土，不损伤，严防大堆积和日光曝晒。

2. 绑竿和装炕

（1）绑烟上竿　黄淮烟区多用竹竿挂烟，竿长 1.5 m，束距 3～4 cm，每竿绑烟 80～120 片。下部叶、中部叶、较大叶、含水量较多的叶等，每竿绑 80～100 片；上部叶、较小叶、含水量较少的叶，每竿绑 100～120 片。其要求如下：

1）分类绑烟，将未熟叶、适熟叶、过熟叶、病斑严重叶、“烘坏”叶分别绑竿。

2）稀密均匀一致，较大叶和含水量较多的叶片宜绑稀，反之宜密，每竿稀密应均匀。

3）叶背相对，叶柄平齐，烘烤中叶片失水向叶面卷曲，叶背相对不致因叶片卷曲而相互包裹，能充分与外界接触，利于水分蒸发。

东北烟区多用绳索绑烟，两片一束夹在两股绳中间，叶基露出 3 cm 左右。烟绳长度依烤房宽度而定，绳索绑烟要求与绑竿相同。

（2）装炕　装炕要求同品种、同部位、同样烘烤特性的烟叶装在同一座烤房内，要当天采收，当天装炕。装炕应考虑以下原则：

1）同层次稀密均匀一致，整个烤房内上密下稀，以利气流上升顺畅。烤房内平面温度有差异，高温区上方宜密，反之宜稀。上中下各棚次竿距一般为 15 cm、20 cm、25 cm。

2）装烟密度根据烟叶大小、烟叶含水量多少及天气状况适当掌握。上部叶、较小叶、含水量较少的叶可装密些，反之应稀些；阴天、雨天装稀些，干旱、冷凉天气装密些。如 150 竿的烤房，装稀时约 120 竿，密时可装 180 竿。在烟叶不能装满炕时，底棚可不装烟，不应扩大装烟竿距。

3）根据烤房在密闭状态下，下层温度高、湿度小，中层温度低、湿度大，上层温度稍高、湿度最大的规律，成熟度差的烟叶和较厚的烟叶应装上棚，以适应其变黄慢的特点；适熟叶装中间；过熟叶、薄叶、病叶应装底棚，以适应各类烟叶变黄的特点。

4）烟叶绑竿后，应在当天完成装炕烘烤，若两天后装炕往往烟叶变黄不一致，烘烤时顾此失彼，影响烘烤质量。

3. 烘烤要求和烘烤过程

成熟的烟叶在出售之前，先需在专用的烤房里进行初加工——烘烤。烘烤不是简单干燥过程，而是通过适当温湿条件，使烟叶发生一定的理化变化，使之符合卷烟工业的需要。在烘烤过程中，烟叶由绿变黄，含水量下降，淀粉向可溶性糖转化，部分蛋白质被分解。

通常将烘烤分为变黄期、定色期、干筋期三个阶段。整个烘烤过程需 5 d 左右。

（1）变黄期　这一阶段，烟叶由绿色变成黄色，但叶片尚未干燥。要求烤房内的温度由 35℃逐渐上升到 42～45℃，相对湿度由 90%左右逐渐降到 70%左右。这个阶段烟叶内部的变化主要是：

1）水分散失　在一般情况下，为了给水解酶创造趋向水解方向的条件，从而也为蛋白质和淀粉的分解创造条件，需排除一些水分。如果不失水，就会只分解和消耗淀粉而不分解蛋白质，结果对品质不利，尤其会造成“硬变黄”，只变黄而不凋萎，物质转化不好，不好定色。失水必须是缓慢的，如果叶片失水过多，干燥过快，组织过早死亡，则青色被固定，某些化学和生物化学变化停止，这样烤出的烟叶会产生辛辣、刺激气味。

2）化学成分变化　淀粉由占干物质总量的 20%～30%减少到 2%～8%；还原糖由原来的 5%左右增加到 14%～20%，甚至达到 25%以上；蛋白质分解量占原含量的 15%～35%；烟碱有所减少，其减少的量随时间延长而增多，但总减少量不大。研究结果表明，整个烘烤过程中干物质损耗量为10%～20%。其中变黄期损失量最大，约占50%。

烟叶黄色的显现与淀粉、蛋白质的分解同步。随着蛋白质的分解，叶绿素中的蛋白质也进行分解，破坏了叶绿素蛋白质复合体，叶绿素随之分解消失。其间叶黄素、类胡萝卜素得到显现，使烟叶外观上呈现黄色。变黄期还是烟叶特有香气物质形成的时期。

（2）定色期　这是烟叶变黄并基本干燥后，黄色得到固定的阶段。要求烤房的温度逐渐上升到53～55℃，相对湿度逐渐下降到30%左右。一般情况下，要边升温边排湿。在定色期内，要使叶组织的代谢作用和酶活动停止，以终止变黄期各种变化的继续进行，固定和保持优良的色泽和品质。在定色期内，叶组织逐渐死亡，细胞透性增大，O_2易进入，导致许多不良的变化，如单糖氧化为酸、CO_2和H_2O；强烈的氧化（脱氨作用）使氨基酸变成氨和酰胺，酚类物质氧化聚合为棕褐色的物质等。定色期进行得是否及时，对烤烟的品质影响极大。烤烟中的不良变化经常发生在这一阶段。例如，相对湿度过低且升温过快，致使较多的叶绿素未分解即被烤干（称为“烤青”）；相对湿度较高而升温过慢，细胞的呼吸作用继续进行，烟叶中的有机物质消耗过多，原生质结构受到破坏（称为“糊片”）；叶薄而枯焦，烟中还含有较多的水分，同时又受高温损害，细胞内多酚类物质氧化成黑褐色的醌类物质而不能被还原，即发生棕化反应（称为“烫片烟”）。

（3）筋期　经过变黄、定色两个阶段，叶片已经全部变黄干燥，但主脉组织致密，表面积小，水分含量多，排除困难，定色后仍有较多水分。据有关测定结果，当叶片水分仅16%时，烟筋含水量还有78%，必须用高温才能将其排除，以达到卷烟工业所要求的紫筋。然而，从烟叶香吃味角度来看，温度达到60℃之后，烟叶的致香物质便开始分解和挥发，温度越高、高温时间越长，致香物质挥发量越多，所以要尽可能在较低的温度条件下使烟筋干燥。烤房的温度可以每小时升2～3℃的速度，升到68～70℃，相对湿度下降到15%左右。在这一温湿度条件下，烟叶主脉变成棕色（称为紫筋）。

烘烤后的烟叶，从外观上看应当是颜色均匀，正黄或金黄，光泽鲜明，香气浓而醇和，吃味纯净，手摸有油润感。

烟叶烘烤后很脆，因此在干筋期完结停火之后，需将烤房门敞开，使烟叶吸湿回软，然后才可将烟竿取出，晚间放置在草地上，以便吸收露水还潮。其后即进行解烟、排帘，堆积发酵，使一部分尚略带青色的叶片完全变黄，最后按照商业部门的规格，分级，绑把，出售。

知识链接——烟草优良品种

1. 中烟99

该品种是由国家烟草专卖局用优良品系88－4009与多抗性烤烟品种中烟86杂交，F_1经花培纯化进而选育成的烤烟新品种，2000年通过全国烟草品种审定。

株式筒形，叶形长椭圆，叶色绿，叶面略皱，叶尖渐尖，叶缘波浪状，叶耳较大，茎叶角度稍大，花冠粉红色，花序集中，蒴果卵圆形。株高 105 cm，叶数 24 片，主脉较细，腰叶长 56.8 cm、宽 26.6 cm，田间长势较强，群体整齐一致，着叶均匀，叶片成熟落黄好，分层落黄明显，耐成熟，易烘烤。移栽至中心花开放平均为 67 d，大田生育期 119 d 左右。中烟 99 烤后原烟：总糖 24.18%，还原糖平均含量 19.23%，尼古丁 2.41%，总氮 1.73%，蛋白质 8.19%。

适宜于山东、河南、陕西、辽宁、吉林、黑龙江等北方烟区种植。

2. 辽烟 13 号

该品种由辽宁省丹东市农科所用 Coker86 与 G28 选系 78—3013 杂交育成，1989 年经辽宁省农作物品种审定委员会审定命名推广。该成果 1989 年被评为国内先进。该品种抗普通花叶病，耐叶斑病，株高 140 cm，大田生育期约 109 d，可采叶 22 片，平均产量 2 205 kg/hm^2，上等烟占 27.35%。抗普通花叶病，耐叶斑病。香气谐调，香气质较好，吃味较平淡，但很油润，入口较和顺，余味舒适，略净，刺激性较好，燃烧性较好。

适于东北烟区种植。

3. 辽烟 14 号

该品种由辽宁省丹东市农科所用辽烟 13 号早熟系与 Coker86 杂交育成，1989 年经辽宁省农作物品种审定委员会审定命名推广。该成果 1989 年被评为国内先进。该品种生育叶数 22～26 片，采收叶片 20～22 片，椭圆叶，腰叶长 60 cm、宽 32 cm，单叶干重 5 g 左右，主筋率 30%。高抗普通花叶病兼抗赤星病。原烟正黄和橘黄，易烘烤，但变黄、定色期略长。化学成分谐调，香气质较好，有劲，杂气少。

适于东北烟区种植。

4. G80

该品种为美国烟草品种，1989 年经全国烟草品种审定委员会定为优良品种，在全国推广种植。

株形筒形，株高 110～130 cm，茎围 8～9 cm，叶形椭圆，叶色绿，叶片厚薄适中，腰叶长 60 cm 左右，可采收叶数 20～30 片，单叶重平均 7～8 g，产量一般在 2 250 kg/hm^2 左右。该品种大田生育期 110～120 d，大田生长势较强，高抗黑胫病、根结线虫病，赤星病较轻，易感烟草花叶病，耐水肥，抗旱能力较差。适宜在肥水条件较好的地区推广种植，是我国主要推广的优质烟草品种之一。

5. 龙江 911

龙江 911（9111—21）由黑龙江省烟草科学研究所以龙江 851（Windel）为母本、CV91 为父本杂交，系谱法选育而成，2000 年 12 月通过全国烟草品种审定委员会审定。

株式塔形，自然株高 193.3 cm，节距 5.98 cm，茎围 8.62 cm，有效叶数 15.8 片。腰叶长 78.2 cm，宽 34.0 cm，顶叶长 54.7 cm、宽 22.8 cm，长椭圆形，叶尖急尖，叶色绿色，叶面皱，叶缘波浪状，叶耳中等，叶肉组织细致，茎叶角度中等。田间生长整齐，生长势强。花序集中，花冠淡红色。移栽至现蕾 44 d，移栽至中心花开放 49 d，大田生育期 120 d 左右，全生育期 178 d。产量 2 646 kg/hm^2。

原烟成熟度好，橘黄色烟多，身份中等，油分多，光泽强，结构疏松，叶长 62.5 cm，百叶重 1 317.0 g。香气质中等，香气量有，浓度中等，杂气有，刺激性有，劲头适中，燃烧性强，灰色灰白色，质量档次中等。中抗黑胫病、根结线虫病，抗赤星病，中感青枯病。

主要种植在黑龙江、吉林、辽宁等省，河南、陕西、安徽和内蒙古等地区也有少量种植。

第四节　烟草病虫草害防治

一、烟草病害防治

已发现烟草病害有 26 种，其中发生普通而较重的病害为猝倒病、立枯病、赤星病和病毒病。

1. 烟草立枯病与猝倒病

烟草立枯病与猝倒病是烟草育苗床上常发生的两种病害，对幼苗成活影响很大，造成茎基腐。

（1）症状　包括两种类型：一是立枯病，主要发生于幼苗接近地面的茎基部，初期在患部表面产生暗褐色斑点，逐渐扩大到茎的四周，病部凹陷变细，呈收缩状，进而使幼苗萎黄而死，该病发展速度较猝倒病慢。二是猝倒病，幼苗出土至大十字期最易感病。初期茎部似开水烫状，呈暗绿色，继而病部软腐或近地面处呈水渍状，暗褐色，腐烂处渐渐干缩收缢，倒伏。在苗床内常形成明显的发病中心，向四周扩展，出现一块块病区。病区床土表面可见白色蜘蛛网状的菌丝。

（2）病原　立枯病的病原菌属半知菌亚门，无孢目，立枯丝核菌属真菌。菌丝粗大，有隔，幼时无色，老熟时棕黄色，菌丝交角 90°，菌丝分枝处突然变细，有时病株上可见菌核。猝倒病菌属于鞭毛菌亚门，霜霉目，瓜果腐霉属真菌。菌丝无色不分隔，有不规则的分枝，孢子囊产生于菌丝顶端或在中间形成球状体，内生双鞭毛游动孢子。该菌具有特殊形态的藏卵器和雄器，二者结合成卵孢子。

（3）发病规律　立枯病菌以菌丝体或菌核在土壤中营腐生生活，次年由伤口、自然孔口侵入烟苗茎基部而发病。低温、干燥的环境条件有利于立枯病的发生，苗床温度低于20℃时易发病，中度湿度以上即可发生。猝倒病菌是土壤习居菌，以卵孢子或厚垣孢子在土壤中越冬。越冬后产生游动孢子或菌丝在烟苗土表部位侵染茎基部，在潮湿天气或早晨床内湿度较大时，菌丝生长或借助浇水进行扩展和传播。猝倒病可在烟苗生长的任何条件下发生，特别是在温度低于烟苗最适生长温度条件下发病重。苗床持续低温，播种密度过大，床土通透性差，床内水分大、湿度高，均利于病害发生。

（4）防治方法　①加强苗床管理。苗床土要疏松、通透性好，富含腐殖质。床土应进行熏蒸消毒，苗期要注意通风、排湿；②药剂防治。将病苗连同周围的健苗挖出，用25%甲霜灵可湿性粉剂1 000倍液灌入病穴，湿透为止。一般7～10 d灌根1次，可防病害蔓延。

2. 烟草赤星病

（1）症状　该病主要危害烟草叶片和茎部。叶片病斑一般自下向上发生。最初在叶片上出现黄褐色圆形小斑点，后变为褐色。典型病斑产生明显的同心轮纹，质脆、易破。病斑边缘明显，外围淡黄色，晕环较窄，不明显，病斑中心有灰黑色的霉状物（即病菌的分生孢子梗及分生孢子）。天气潮湿时，病斑较大，很易联合成片以致叶片枯焦而早死。

（2）病原　烟草赤星病菌属于半知菌亚门，丝孢目，链格孢属真菌。分生孢子梗聚集成堆，顶端屈曲，不规则，褐色，有1～3个隔膜，顶端串生分生孢子。分生孢子倒棒形或长圆筒形，褐色，有纵横分隔，纵隔1～3个，横隔3～7个，有时弯曲，缘长短不等。

（3）发病规律　病菌以菌丝体在病株残体上越冬。早春平均气温7～8℃、相对湿度50%时，开始形成新的分生孢子，以后随气温上升，湿度加大，产生的孢子数量增加，靠气流传播到烟田，先侵染接近成熟的烟株底部叶片，成为初侵染菌源。烟叶表面水膜或水滴中的孢子，如温度适宜1 h内即可萌发产生芽管，一般18℃下8 h就可完成侵入。最易侵入部位为叶缘和伤口，也可通过气孔侵入寄主。如遇低温，需5～8 d才能显症。病斑上产生的分生孢子，靠风、雨传播形成再侵染。在一个生长季节中可进行多次再侵染，造成烟株嫩芽、叶、侧枝、蒴果、茎等部位受害，并侵染周围的烟株，造成烟株群体发病。

在种植感病品种的情况下，接近成熟期的叶片最易感病。一般薄膜育苗提早移栽的比晚移栽的发病轻。多年连作，施氮肥过多、而磷肥和钾肥不足，栽培密度过大，都有利于此病流行。未及时采收，会加重病情。

（4）防治方法　①选用抗病或耐病品种；②实行轮作与秋翻，合理密植，增施磷、钾肥，后期叶面喷施多元复合肥，早育早栽，均能减轻发病。熟后及时采收，减少再侵染；③药剂防治。在7月中、下旬，田间初发病时，在连雨天到来之前及时喷洒药剂进行防治。用50%扑海因可湿性粉剂1.2 kg/hm^2，或64%毒杀矾（恶霜灵+代森锰锌）可湿性粉剂或50%多菌灵可湿性粉剂1.5 kg/hm^2。上述药剂在连雨天结束或上一次喷药7～10 d后应进行第2次喷药。7～10 d喷洒1次，共喷3～4次。

3. 烟草病毒病

该病在黑龙江烟区发病较重，主要发生于大田生长期和烤房内。

(1) 症状　主要危害叶片。叶片受害形成“花叶”。病叶边缘有时向背面卷曲，叶基松散，叶片厚薄不匀，甚至皱缩扭曲呈畸形，有缺刻，严重时叶尖呈鼠尾状或带状。发病早的病株节间短，植株矮化。重病株的花朵变形，蒴果小而皱缩。

(2) 病原　烟草病毒病原为 TMV。TMV 为杆状粒体。在汁液中的病毒致死温度为93℃ 10 min，新鲜汁液稀释终点为 100 万倍，在干燥病叶中体外保毒期为 52 年。

(3) 发病规律　TMV 以种子、土壤中的病残体，带病寄主植物，加工处理后的烟叶、烟丝、烟末等为越冬场所。TMV 是通过接触摩擦传播的。田间操作时，手和工具接触病叶后，再接触健株叶片，能引起发病。

气温 28～30℃时发病最盛，超过 37℃病毒即停止增殖。适期早栽发病轻。栽烟后未下透雨、田间管理不及时，发病重。土壤肥力差、土层浅薄，病害重。

(4) 防治方法　①实行轮作，不能与茄科和十字花科作物轮作；②栽植抗病品种；③选无病株留种；④加强苗床管理，防止带毒病残体进入苗床；⑤合理密植，氮、磷、钾肥合理配合使用；⑥及时追肥、培土、浇水，及时采收，促进烟株生长健壮；⑦田间作业严防人为传播病毒。田间打顶打杈不能吸烟，并要在露水干后进行，最好有专人对健株与病株分开作业，或先健株后病株作业，以防汁液接触传播病毒。作业时，手要用肥皂水经常消毒；⑧药剂防治。用弱毒疫苗 N_{14} 和生防制剂 S_{52} 混合接种进行防治。

二、烟草虫害防治

烟蚜是东北地区发生普遍而危害较重的害虫，属同翅目，蚜科。烟蚜寄主植物种类很多，主要为害烟草、杏、李、苹果、桃树及十字花科作物。

1. 危害

以成、若虫群集在烟株叶背和嫩茎、嫩蕾等幼嫩组织上刺吸汁液，被害株生长缓慢，叶片变薄，而且烟蚜分泌的蜜露又可使烟叶变黑。

2. 形态特征

有翅胎生雌蚜为黄绿或绿色，头部黑色，额瘤显著。触角 6 节。腹管黑色，中部以后略膨大，有瓦片纹。尾片中部稍缢，尾板黑色，椭圆形。

无翅胎生雌蚜为绿色、红色或淡黄色，有额瘤。腹管黑色，中部稍膨大。尾片黑色，圆筒形。

3. 生活史及习性

烟蚜以卵在果树叶芽眼处或裂缝中越冬，卵孵化后在果树上繁殖约 3 代，在烟田繁殖约 10～14 代。6 月中旬有翅蚜陆续迁入烟田，胎生无翅蚜。7 月中旬形成以无翅蚜为主的蚜量高峰。随着蚜虫群体数量的增加，蚜虫天敌种类和数量也随之增多，而且麦田蚜虫的天敌也开始向烟田大量迁入。7月下旬以后形成烟蚜天敌数量的高峰，随着烟株一次性平顶和雨季的到来，烟株受害显著降低，不再回升。入秋后，出现大量有翅蚜，迁往秋菜上繁殖为害数代后，产生有翅性蚜迁往越冬寄主上，以孤雌胎生方式产生无翅有性雄蚜，与直接迁来的雄性蚜交配产卵越冬。烟蚜有明显的趋嫩性和负趋光性。

当温度高于29℃或低于6℃，相对湿度在80%以上或在40%以下时，对烟蚜繁殖不利。遇有暴雨，能使蚜量降低。烟蚜的天敌种类较多，常见的天敌有异色瓢虫、七星瓢虫、龟纹瓢虫、食蚜蝇、草蛉和蚜茧蜂等。

4. 防治方法

（1）打顶、打杈时将带虫杈叶带出田外沤肥。收获后及时处理茎秆根叶。

（2）及时平顶抑芽，促进烟叶落黄成熟，恶化烟蚜的取食环境，控制烟蚜的繁殖和为害。

（3）生物防治。当瓢虫与蚜虫比为1∶80到1∶100时，或蚜茧蜂寄生率达30%时，可控制其为害。益害比例失调时，可喷洒抗蚜威（辟蚜雾）等灭害保益农药，以保护天敌。

（4）药剂防治。在烟草苗期及移栽前，用40%乐果乳油750 mL/hm^2，兑水喷雾。在大田团棵期后，当顶部叶片蚜量50头以上的烟株达10%时，喷施50%抗蚜威（辟蚜雾）可湿性粉剂150～225 g/hm^2，或用40%乐果乳油750～900 mL/hm^2，兑水喷雾。

三、烟草田化学除草

目前，能用于烟草田的除草剂主要有大惠利、施田补、都尔、拉索、高效盖草能、精稳杀得、精禾草克、拿捕净、收乐通和威霸等。下面介绍几种常用药剂。

1. 50%大惠利可湿性粉剂或20%萘丙胺乳油

主要防治某些禾本科杂草和阔叶杂草。烟草苗床播种前，移栽田于移栽时或移栽后喷雾。苗床用50%大惠利1.5～1.8 kg/hm^2，或20%萘丙胺3.75～4.5 L/hm^2；移栽田用50%大惠利1.5～3.9 kg/hm^2，或20%萘丙胺3.75～9.75 L/hm^2。喷液量人工450～600 L/hm^2，拖拉机200 L/hm^{2}以上。在干旱条件下施药后可灌水。用药量50%大惠利2.25 kg/hm^{2}以内对后茬作物安全，超过用量时下茬种水稻、小麦、大麦、高粱、玉米等作物会产生药害。

2. 33%施田补乳油

主要防治某些禾本科杂草和阔叶杂草，对蓼、苘麻有较好的药效。烟草移栽前或移栽后施药。移栽前用量1.7～3.4 L/hm^2。喷液量人工450～600 L/hm^2，拖拉机200 L/hm^{2}以上。移栽前施药，在干旱条件下最好施药后浅混土或移栽后中耕培土2 cm，移栽后施药将喷头对准垄沟。对后茬作物安全。

3. 15%精稳杀得乳油

主要防治一年生和多年生禾本科杂草。在烟草苗后，禾本科杂草3～6叶期施用，全田施药或苗带施药均可。防 2～3 叶期杂草用 500～750 mL/hm²，防 4～5 叶期杂草用 0.75～1.0 L/hm²，防 5～6 叶期杂草用 1.0～1.2 L/hm²。在水分条件好的情况下用低药量，在干旱条件下用高药量。防治 20～60 cm 高的芦苇等多年生禾本科杂草，用量 2.0 L/hm²。长期干旱无雨、低温和空气相对湿度低于 65%时不宜施药。一般选早晚施药，10～15 点不要施药。施药后应 2 h 内无雨。长期干旱应待雨后施药，或灌水后施药。施药时注意风速、风向，不要使药液飘移到小麦、玉米、水稻等禾本科作物田，以免受药害。该药对后作安全。喷液量为人工背负式喷雾器 225～300 L/hm²，拖拉机喷雾器 100～150 L/hm²。

4. 5%精禾草克乳油

主要防治一年生和多年生禾本科杂草。在烟草苗后，禾本科杂草 3～5 叶期施用，全田施药或苗带施药均可，用量 750～900 mL/hm²；防治狗尾草、野黍 0.9～1.0 L/hm²；治防多年生芦苇等禾本科杂草 1.5～2.0 L/hm²。杂草叶龄小、杂草茂盛、水分条件好的情况下用低药量，杂草大及在干旱条件下用高药量。长期干旱无雨、低温和空气相对湿度低于 65%时不宜施药。一般选早晚施药，10～15 点不要施药。施药后应 2 h 内无雨。长期干旱应待雨后施药，或灌水后施药。施药时注意风速、风向，不要使药液飘移到小麦、玉米、水稻等禾本科作物田，以免受药害。该药对后作安全。喷液量为人工背负式喷雾器 225～300 L/hm²，拖拉机喷雾器 100～150 L/hm²。

5. 12.5%拿捕净机油乳剂或 20%乳油

主要防治一年生和多年生禾本科杂草。在烟草苗后，禾本科杂草 3～5 叶期施用，全田施药或苗带施药均可，防治 2～3 叶期杂草用 1.0 L/hm²，防治 4～5 叶期杂草用 1.5 L/hm²，防治 5～6 叶期杂草用 2.0 L/hm²。在干旱条件下，12.5%拿捕净机油乳剂用量同上；20%拿捕净乳油防治 2～3 叶期杂草用 1.5 L/hm²。防治多年生禾本科杂草 3～5 叶期用量 3.0～5.0 L/hm²。一般选早晚、风小时施药。施药时注意风速、风向，不要使药液飘移到小麦、玉米、水稻等禾本科作物田，以免受药害。该药对后作安全。喷液量为人工背负式喷雾器 225～300 L/hm²，拖拉机喷雾器 75～100 L/hm²。

思考与练习

1. 烟草具有哪些应用价值？
2. 烟草对环境条件的要求有哪些？
3. 烟草种植方式有哪些？
4. 烟草种子处理方式有哪些？
5. 烟草播种时应注意哪些事项？
6. 烟草常见病虫草害有哪几种？